JN300287

はじめての VHDL

坂巻佳壽美
Sakamaki Kazumi

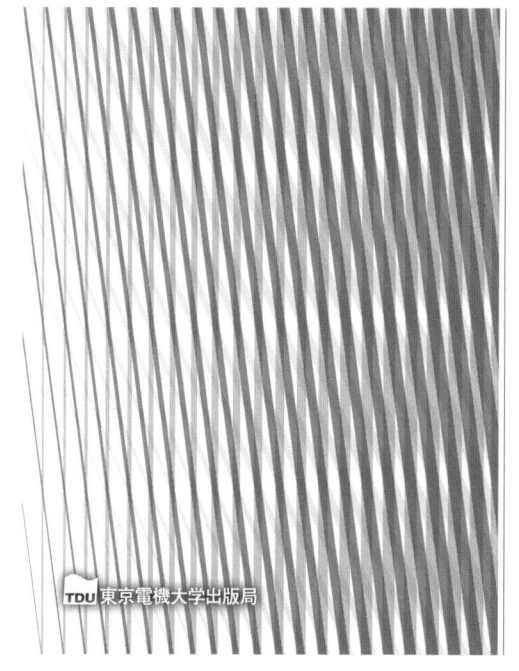

TDU 東京電機大学出版局

まえがき

作りながらVHDLを学ぼう！

　今やICを自作できるという時代になりました．ディジタル回路を作るのに，部品集めから，プリント基板のエッチングや穴あけ作業から，そしてはんだ付けという職人芸からも解放されたのです．プログラムを作るように，ただキーボードをたたくだけで，希望するディジタル回路を内蔵した自分専用のICが作れます．

　となると，これまでははんだ付けが面倒なためにペンディングとなっていた回路を作ってみたくなって，私はVHDLを覚える気になりました．当時の開発環境は，一式数千万円もする時代でした．

　ところが現在では，フリーソフトまで用意されています．なんとよい時代になったことでしょう．ここまで条件が揃ってきているのに，VHDLに取り組まない理由があるでしょうか？　まさに今が，VHDLを身につける適期だと思います．なにはともあれ，VHDLに接してみませんか？

　本書では，具体的な回路作りを通して，VHDLによる回路記述の仕方を紹介しています．文法など細かなことはさておき，まずは何をどのようにすれば，希望する回路を内蔵したICを手にすることができるのかを疑似体験していただくことを，本書の最大の狙いとしました．

　具体的な回路例としては，皆さんがよく知っている"ストップウォッチ"をとりあげ，その機能をいくつかのブロックに分割し，個々のブロックを順にVHDLで記述していきます．その際，各ブロックに固有なVHDLによる回路記述法について解説します．これらの記述法の積み上げによって，VHDLによる回路記述全般に関する知識が身に付くことでしょう．

　それでは，読者の方々が本書を一気に読破され，明日からVHDL技術者としての活動を開始されることを期待しています．

2002年4月　　　　　　　　　　　　　　　　　　　　　　坂巻佳壽美

追 記

　本書は2002年の初版発行以来、(株)工業調査会から刊行され、幸いにも長きにわたって多くの読者から愛用されてきました。このたび東京電機大学出版局から新たに刊行されることとなりました。本書が今後とも、読者の役に立つことを願っています。

2011年4月　　　　　　　　　　　　　　　　　　　　　　　　坂巻佳壽美

目次

まえがき ……………………………………………………………………… 1

Step1　VHDLの基礎

1. なぜ今VHDLか？ …………………………………………………… 10
電子回路設計の変化 ……………………………………………………… 10
HDLの種類と標準化の現状 …………………………………………… 12
CPLD/FPGAデバイスとは …………………………………………… 13
システムLSI化のブームに乗る ………………………………………… 16
知的財産の保護にも有効 ………………………………………………… 17

2. VHDL開発環境 ……………………………………………………… 19
VHDL開発環境の基本構成 …………………………………………… 19
開発支援ツールを用いたIC開発 ……………………………………… 21
開発環境とIPの種類 ……………………………………………………… 22
シミュレーションも可能 ………………………………………………… 23

3. VHDLの書き方 ……………………………………………………… 25
ICとVHDL記述との対応関係 ………………………………………… 25
　(1) 入出力信号の定義の仕方 ………………………………………… 26
　(2) 内部回路の定義の仕方 …………………………………………… 30
　(3) ICピンへの具体的な割当て方 ………………………………… 31
簡単なVHDL記述の例 ………………………………………………… 33
VHDL記述の基本構造 ………………………………………………… 35

Step2　ストップウォッチを作る I
（組み合わせ回路まで）

1. LEDを点灯させる …………………………………………………… 38
LEDの特性 ………………………………………………………………… 38

LEDを接続する ……………………………… 39
　　　配線のルール ………………………………… 40

2. スイッチを接続する　42
　　　スイッチ接続回路 …………………………… 42
　　　スイッチの状態をLEDへ配線する ………… 43
　　　VHDLの論理演算処理 ……………………… 44
　　　　（1）1入力の論理演算 …………………… 45
　　　　（2）2入力の論理演算 …………………… 46
　　　　（3）3入力以上の論理演算 ……………… 47
　　　複数の論理演算子を組み合わせた回路 …… 48
　　　真理値表から回路を作る …………………… 50
　　　　（1）真理値表とは ………………………… 50
　　　　（2）2入力XOR回路を真理値表から作る … 51

3. 7セグメントLEDに数字を表示させる　52
　　　セグメントLEDの構造 ……………………… 52
　　　セグメントをまとめて扱う ………………… 53
　　　セグメントを個別に扱う …………………… 54
　　　セグメントLEDの表示を変える …………… 55

4. 組み合わせ回路のまとめ　57
　　　組み合わせ回路とは ………………………… 57
　　　同時処理文の種類 …………………………… 58
　　　when else 構文 ……………………………… 59
　　　　（1）使用法 ………………………………… 59
　　　　（2）2to1セレクタの記述例 ……………… 60
　　　　（3）7セグメントLEDの表示を変える … 61
　　　　（4）4to1セレクタの記述例 ……………… 62
　　　　（5）エンコーダの記述例 ………………… 63
　　　　（6）プライオリティ・エンコーダの記述例 … 65
　　　with select when 構文 ……………………… 67
　　　　（1）使い方 ………………………………… 67
　　　　（2）2to1セレクタの記述例 ……………… 68
　　　　（3）4to1セレクタの記述例 ……………… 69
　　　　（4）7セグメントデコーダ ……………… 70

Step3 ストップウォッチを作るⅡ
（順序回路から）

1. 順序回路のまとめ ……………………………………………… 74
順序回路とは ………………………………………… 74
順次処理文の種類 ……………………………………… 75
process文 ……………………………………………… 76
if then else構文 ……………………………………… 77
　（1）使い方 ……………………………………………… 77
　（2）2to1セレクタの記述例 …………………………… 78
　（3）4to1セレクタの記述例 …………………………… 79
　（4）フリップフロップの記述 ………………………… 80
　（5）LEDを点滅させる ………………………………… 81
　（6）エッジ検出の行い方 ……………………………… 83
case when 構文 ……………………………………… 84
　（1）使い方 ……………………………………………… 84
　（2）2to1セレクタの記述例 …………………………… 85
　（3）4to1セレクタの記述例 …………………………… 86
　（4）7セグメントデコーダ …………………………… 87

2. 500m秒周期のパルスを発生させる ………………… 90
タイマーの考え方 ……………………………………… 90
500m秒タイマーのVHDL記述例 ……………………… 91
チャタリング除去回路 ………………………………… 94
　（1）チャタリング除去の行い方 ……………………… 94
　（2）タイマーを用いたチャタリング除去回路 ……… 95
　（3）LED点滅回路にチャタリング除去回路を追加する ……… 96

3. 1桁のカウンタを作る ……………………………………… 98
カウンタの考え方 ……………………………………… 98
カウンタのVHDL記述例 ……………………………… 99
　（1）2進カウンタ ……………………………………… 99
　（2）10進カウンタ …………………………………… 101
　（3）60進カウンタ …………………………………… 102

（4）アップ／ダウンカウンタ ……………………………… 104
　リセット回路 ……………………………………………………… 105
　　　（1）リセット回路の種類 …………………………………… 105
　　　（2）非同期リセット回路のVHDL記述例 ………………… 107
　　　（3）同期リセット回路のVHDL記述例 …………………… 108

4. 2桁に改造する ……………………………………………… 110
　階層設計とは ……………………………………………………… 110
　component文とport map文 ……………………………………… 111
　VHDLによる階層設計例 ………………………………………… 113
　　　（1）10進数1桁カウンタ …………………………………… 113
　　　（2）10進数2桁カウンタ …………………………………… 117
　パッケージ呼び出し ……………………………………………… 119
　　　（1）パッケージの種類 ……………………………………… 119
　　　（2）利用例 …………………………………………………… 120

5. ストップウォッチにまとめる ……………………………… 123
　ストップウォッチの回路構成 …………………………………… 123
　　　（1）ストップウォッチの仕様 ……………………………… 123
　　　（2）コンポーネント化 ……………………………………… 125
　ステートマシンとは ……………………………………………… 127
　ストップウォッチ完成！ ………………………………………… 129

Step4　VHDL文法のあらまし

1. 一般的な注意 ………………………………………………… 134
（1）VHDLの記述スタイル ………………………………………… 134
（2）識別子のきまり ……………………………………………… 135

2. VHDLプログラムの基本モデル …………………………… 137
（1）パッケージ呼び出し部 ……………………………………… 138
（2）entity宣言部 ………………………………………………… 138
（3）architecture本体部 ………………………………………… 140
（4）architectureの記述方式 …………………………………… 141

(5) architecture本体内部はすべて同時並行的に処理される 143

3. データの種類 145
（1）変数への代入と信号への代入 146
（2）信号と変数の宣言位置と使用可能範囲 147

4. VHDLのデータ型 149
（1）定義済みデータ型 149
（2）列挙型 150
（3）整数型 150

5. VHDLの演算子 152
（1）論理演算子の種類と機能 152
（2）関係演算子の種類と機能 158
（3）加法演算子の種類と機能 158
（4）乗法演算子の種類と機能 159
（5）シフト演算子の種類と機能 160
（6）その他の演算子 の種類と機能 160

6. 同時処理文（コンカレント・ステートメント） 161
（1）when else構文（条件付き信号代入文） 161
（2）with select when（選択信号代入文） 161
（3）同時処理信号代入文による組み合わせ回路例 162

7. 順次処理文 163
（1）process文 163
（2）if then else構文 164
（3）case when構文 164
（4）クロックエッジを検出するいろいろな記述法 165

8. フリップフロップとレジスタ 166
（1）D型フリップフロップ（D-FF） 166
（2）レジスタ（4ビットレジスタ） 167

9. 非同期リセットと同期リセット　168
(1) 非同期リセット　169
(2) 同期リセット　171

10. カウンタ　173

11. 階層設計　177
(1) 階層設計による下位デザインの参照　177
(2) componentとport map　177
(3) 階層設計による4ビット加算回路例　179

索　引　181

Step1

VHDLの基礎

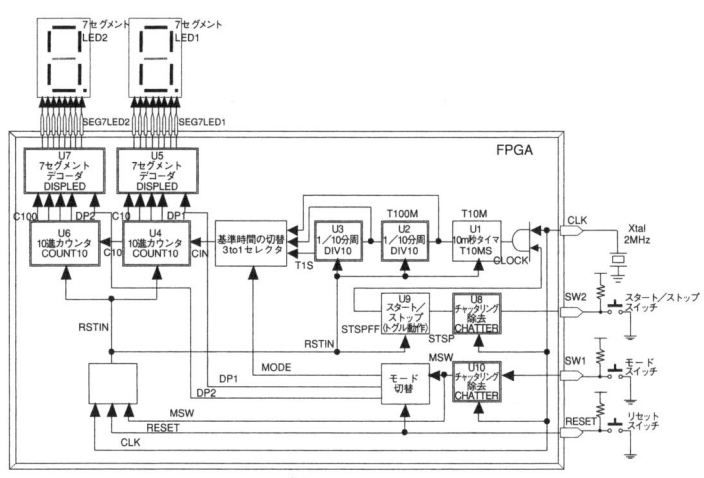

ストップウォッチの構成

1. なぜ今VHDLか？

　"HDL"のような「回路を記述するための言語」と、"CPLD／FPGA"のような「回路を記憶するデバイス」の登場により、個人レベルにおけるIC開発技術が普及するための条件が、今まさに揃ってきたといえるでしょう。もはや、電子システムの回路設計は、既成品のICを組み合わせて行うという考え方から、HDLを用いて自由に仕様を記述し、その内容をPLD／FPGAへ書き込んで実現するという時代へと、パラダイムが急速に変化しているのです。

　さらに今日においては、大規模な回路が扱えるCPLD／FPGAが続々と登場してきています。そのため、MPU（マイクロプロセッサ）やDSP（信号処理プロセッサ）などの機能ですら、HDLで記述して内蔵させてしまう傾向が現れ始めています。つまり、HDLを用いて希望するシステム全体の機能をCPLD／FPGAの中に実現させてしまうことが可能となっているのです。ICの入手困難の現状などを一切気にすることなく、安心して、自分の欲しい機能を持った専用ICを、たとえ1個からでも自作することができる時代となったのです。

　このことは、単に電子システムを1個の自作ICに作り込むことが可能になったというばかりでなく、HDLによる回路設計そのものが、今後の"新しいもの作り"として有望であると考えられます。

電子回路設計の変化

　従来、電子回路設計といえば、プリント回路基板設計CADなどを駆使して、多数の電子部品（既存のICや抵抗、コンデンサなど）を回路図記号で表記し、それらの"接続関係を図示する"方法が一般的でした。しかし、今日に至っては、電子回路設計もプログラム開発のように、HDL（Hardware

Description Language：回路記述言語）を用いて"回路機能を定義する"方法へ移行しようとしています。

今や電子回路設計に、シンボルで表記する回路図は不要となりつつあります。それは、HDLを用いてワープロ感覚で電子回路の仕様書を記述（回路機能の定義）すれば、希望する機能を持った自分専用のIC、すなわち広義のASIC（Application Specific IC：特定用途向けIC）の開発を、個人レベルで行える時代が到来したからです。

つまり、電子回路設計の手法が、プリント回路基板上で既存ICの接続関係を指定すること（従来のプリント回路基板設計CADを用いて行っていたこと）から、シリコンチップ上に希望する機能を持った回路を構成すること（HDLによる機能記述）へと変化しているのです（図1参照）。

これにより、シンボル（回路図記号）による電子回路設計から、テキスト（仕様書）による電子回路設計へと、開発手法が変わろうとしています。

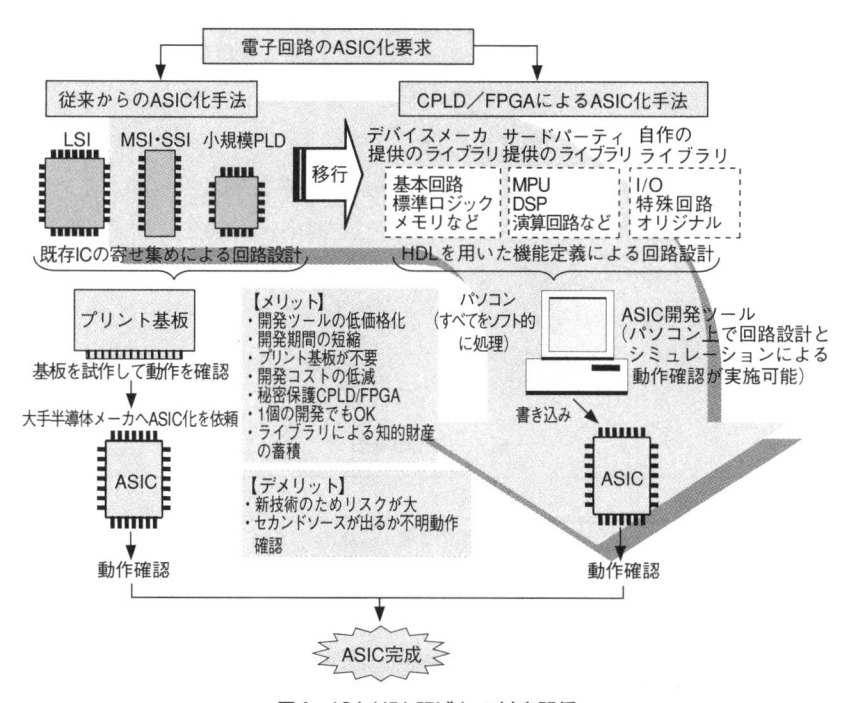

図1　ICとHDL記述との対応関係

しかも、低価格なパソコン上で動作する開発環境（ソフトウェア支援ツール）が登場するなど、この技術の流れは、今後も急速に普及する傾向にあり、電子技術者にとって必須の技術の1つとなっています。

HDLの種類と標準化の現状

HDLには、各デバイスメーカが提供する独自仕様のもの（ALTERA社のAHDLなど）から、サードパーティが供給するもの、Verilog-HDL（IEEE1364）やVHDL（IEEE1076、IEEE1164）などのように標準化されたものまで、すでに複数種が存在しています（表1）。しかし、一般には標準化されているVerilog-HDLかVHDLのどちらかを使用する場合が多く、これらによってHDL市場が2分されているといえるでしょう。

Verilog-HDLは、1985年に米国のGateway Design Automation社（後に米国のCadence社と合併）により、論理シミュレーション用言語として開発され、シミュレーション用の言語としては事実上の業界標準となりました。しかし、IEEEによる標準化はVHDLより遅く、1995年12月にIEEE Std.1364-1995として承認されました。

一方のVHDLは、1980年代の初めに米国国防総省（DoD）が実施したVery High Speed Integrated Circuit（VHSIC）という"超高速IC開発プロジェクト"から誕生したもので、半導体メーカからの提案内容の比較検討を容易にするために提案された、仕様記述に適した言語といえるでしょう。そのため、VHDLのVはVHSICプロジェクトのVで、VHSIC Hardware Description

表1 HDLの種類

種類	特徴
VHDL	仕様記述言語として登場。1987年にIEEE1076となる
Verilog-HDL	シミュレーション言語として登場。1995年にIEEE1364となる
AHDL	アルテラ社の開発ツールMAX＋PLUS II用の言語として登場
ABEL	データI/O社のPLD用言語として登場
SFL	NTTの論理合成ツールPARTHENON用の言語として登場

LanguageのHead文字をとったものがVHDLというわけです。

1987年12月に、VHDLはIEEE Std.1076-1987として、世の中で最初に標準化されたHDLとなりました。その後、1993年にIEEE Std.1164-1993として機能拡張が行われ、現在ではVHDLの標準化推進団体(http://www.vhdl.org/)も組織されて、アナログ回路への拡張など、さまざまな活動が続けられているようです。

以上のように、各HDLはそれぞれに特徴を持っているため、単純には優劣を決めかねるのが現状と思われます。しかし、今後の動向としては、VHDLへ収束するとの観測が通説となっているため、本書では、VHDL(IEEE Std.1164-1993)を採用することにしました。

CPLD/FPGAデバイスとは

ところで、CPLDやFPGAとは、どんなデバイスなのでしょうか？これらは最近になって開発された、まったく新しいデバイスというわけではありません。かなり前から存在していましたが、一般ユーザには縁の薄い存在だったと考えるのが適当でしょう。どちらも、10年以上も前から誕生しているデバイスなのです。

CPLDは、Complex(複雑な)PLDの意味で、大規模なPLDといえるでしょう。PLDとは、Programmable Logic Deviceの略で、あらかじめANDゲートとORゲートを規則正しくアレイ状にして大量に詰め込んだIC(図2参照)を製造しておき、それらの内部接続関係を製造後に変更できるようにした論理ICの一般名称です。ICメーカによっては、PALとか、PLAなどとも呼ばれています。

PLD内部に規則正しくギッシリと詰め込まれたANDアレイとORアレイの交点を、必要に応じて接続したり切り離したりする(この操作のことをプログラムするという)ことにより、希望する論理回路を構成することができます。

もう一方のFPGAは、Field(使用する現場で)Programmable(内容を書き込むことのできる)GA(Gate Array)という意味です。GAとは、ASICの代

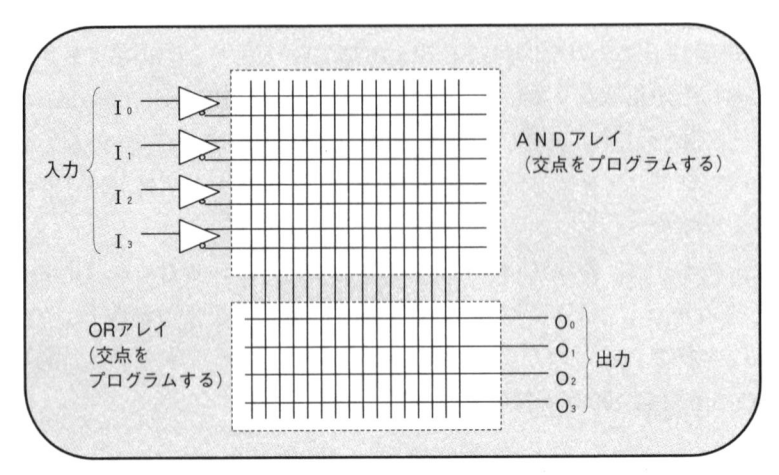

図2 CPLDとは

表的なデバイスの1つで、内部に4つのFET（トランジスタの一種）を基本構成とする基本セルが、アレイ状に配置されている半完成品ICなのです。このGA内の基本セルに対して、希望する論理回路を構成するような配線を施すことによって、目的とするデバイスに仕上げることができます。

　FPGAでは、IC工場ではなくて私たちユーザの開発現場でこの配線処理も行えるように、デバイス内に確保した配線領域を用意しておき、デバイス内の論理ブロックを自由に接続できるように工夫されています（図3参照）。

　以上から、CPLDもFPGAも、ICを最初から開発するのではなく、私たちユーザの目的に合わせ、開発現場において内部の接続関係を変更して、論理回路を自由に構成できるようにしたデバイスであることがわかります。つまり、CPLDもFPGAも、ともに回路を書き込んで固定するためのICということができます。したがって、本書では、CPLD／FPGAを単にFPGAと書くことにします。

　一般に、FPGAは、CPLDより大規模な論理回路を構成できるものが多いようです。しかし、最近ではユニークなタイプのデバイスがつぎつぎと登場しているため、前述のような内部構造の違いにより両者を明確に区別することは、次第にむずかしくなりつつあるといえるでしょう。

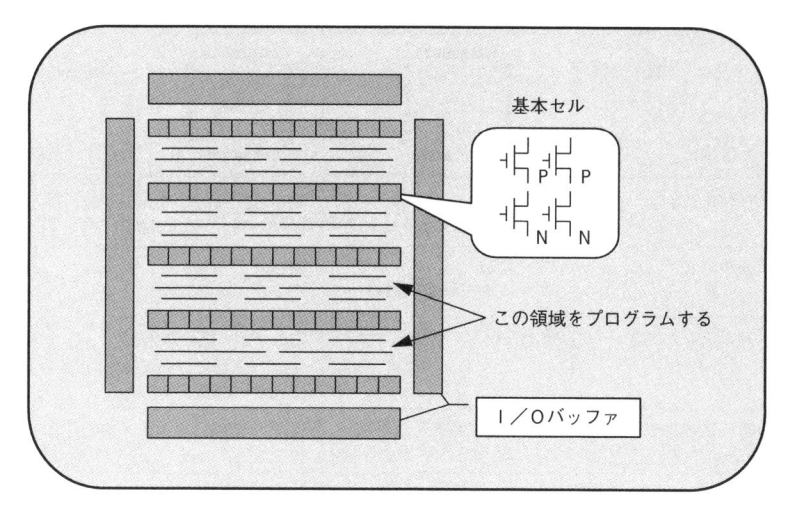

図3　FPGAとは

　類似したデバイスとして、マイコンやパソコンでお馴染みのROM (Read Only Memory) があります。ROMは、プログラムを書き込んで固定するためのICです。用い方や固定（記憶）させる内容（回路とプログラム）の違いはありますが、半導体としての構造には、大きな違いはないと考えられます。
　デバイスの内部構成を開発現場で決定し固定する方法としては、プログラムをROMに固定する時と同様に、専用ライターで書き込む、オンボードで書き込むなどがあります。しかも、書き込んだ内容が消去可能なタイプと、1回だけ書き込めるタイプなどがあることについても同様です。さらには、内部構成を決定するためのデータを外付けROMに書き込んでおき、電源投入時にデバイス内部のSRAMに自動的に読み込むタイプもあります（**図4**参照）。
　書き込める回路規模は、ゲートという単位で表されますが、現状では数千ゲート～数百万ゲート程度が1個のデバイス中に詰め込まれています。最大規模のデバイスを使用すると、パソコンの機能をたった1個のデバイス内に実現させることも可能といわれています。
　CPLD／FPGAデバイスの主なメーカとしては、Actel、Altera、Cypress Semiconductor、Lattice Semiconductor、Lucent Technologies、Philips、QuickLogic、Vantis、Xilinx（ABC順）などがあげられますが、国産は皆無と

種類＼比較項目	 EEPROM	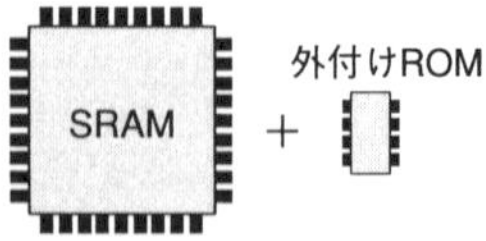 SRAM + 外付けROM
デバイス例	Altera:MAXシリーズ Xilinx:XC9500シリーズ	Altera:Cyclone、Stratixシリーズ Xilinx:Virtex、Spartanシリーズ
記憶方式	EEPROM （電気的消去可能PROM）	SRAM （スタティックRAM）
書き込んだ内容	電源を切っても消えない	電源を切ったら消える （電源投入時に外付けROMから SRAMへ自動的に読み込む）
書き込み方法	オンボード書き込み可能 （イン・システム・プログラミング）	外付けROMに専用ライタで行う
書き込める回路規模	小規模（〜数千ゲート）	大規模（数万〜数百万ゲート）

図4　デバイスの種類と特徴

いうところに注意する必要があります。

システムLSI化のブームに乗る

　先頃から話題となっているものの1つに、システムLSIがあります。システムLSIとは、マイクロプロセッサ（MPU）を中心とするシステム（電子装置）を構成するために必要ないくつかのLSIを、ある特定の目的用に、1つのLSI中に合体させたものといえるでしょう（図5左側）。

　これまでの電子回路は複数のLSIなどを組み合わせて構成していたため、プリント回路基板の設計が別途必要でした。また、このことがシステムの小型化や高速化のネックとなってきました。これに対し、システムLSIでは、回路を構成するすべてのLSIを1つのLSIの中に収めてしまうため、小型化はもとより、配線が極端に短くなることから高速化が可能となるなど、今後のIC製造産業の主力製品となっています。

　一方、中小企業にあっては、IC製造の設備を導入するところまでの投資はむずかしいでしょう。しかし、システムを構成する各要素の機能を専用言語であるHDLを用いて書き表し、その機能をFPGAへ書き込むことによ

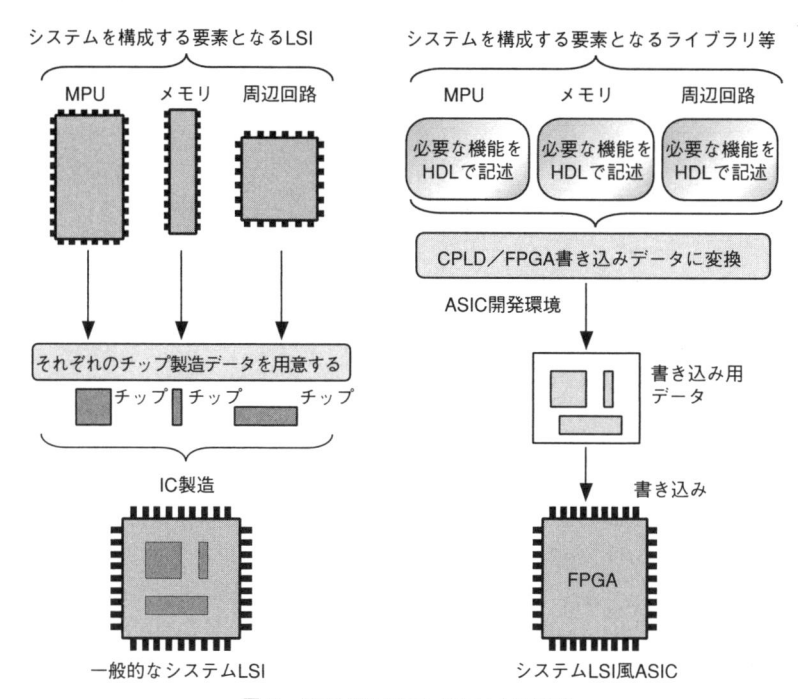

図5 FPGAによるシステムLSI開発

って、希望する機能を持った専用IC（ASIC）を開発することができれば、それはシステムLSI開発とほぼ同等の価値を持っていると考えられます。

「本来のシステムLSI」と「HDLによるASIC」とは、機能規模の差こそあれ、小型化、高速化、ローコスト化などの特徴を持つ、特定用途向け専用ICを開発することができるという共通点があります。ちなみに、HDLとFPGAを用いたASIC開発は、システムLSI開発における予備段階での動作確認用としても用いられています。

知的財産の保護にも有効

　HDLを用いて専用ICの開発を行う大きなメリットの1つとして、開発企業の知的財産の保護が挙げられます。つまり、これまでの電子回路の試作開発では、「どのように既存のICを組み合わせれば、必要とする機能を実現

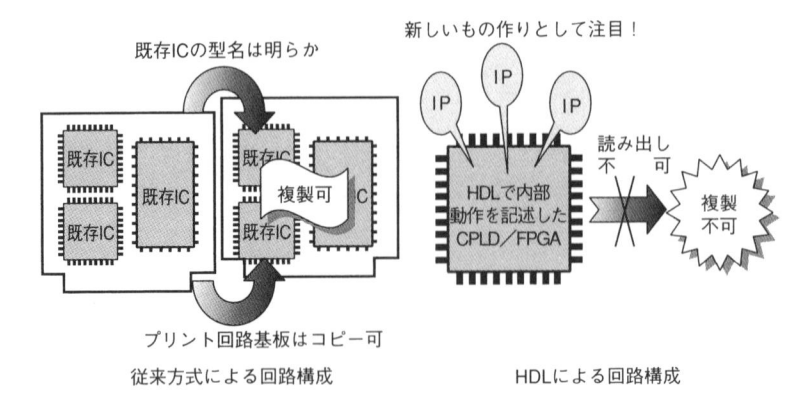

既存ICの型名は明らか　　新しいもの作りとして注目！

図6　複製が不可

することができるか？」を考えるというのが開発の内容でした。したがって、その開発結果は、既存部品の組み合わせ情報に過ぎないため、容易に開発内容が解読され、複製されてしまうという不安がありました（図6）。

　ところが、FPGAを専用ICとするために書き込んだ内容は、デバイス外部へ読み出すことを不可能にすることができます。そのため、違法な複製から設計者のアイデア（知的財産）を守ることができるのです。つまり、良い製品を開発すれば、必ずリピートオーダーを期待できることになります。

　このメリットを生かせば、単なる親企業からの試作だけの下請け企業から脱却することが可能となります。さらに量産時には、HDLで記述したソースファイルが、大手半導体メーカの行っている正規のASIC開発システムと互換性がある（どちらもHDLを使用しているので）ため、HDLのソースファイルをそのまま利用でき、開発費を大幅に削減させることが可能となります。すでに、HDLで記述した回路ブロックをIP（Intellectual Property：知的財産）と呼んで商品化し、地球規模で流通させることが始まっているのです。

　これまで、大手企業の新製品開発プロジェクトを縁の下で支えながら培ってきた中小企業の「知的埋め込みシステム開発技術」の業績を、HDLによる"回路記述ライブラリIP"として商品化することさえ可能になったのです。つまり、自社開発したユニークなIPが、これからは新しい商品として新たな価値を生むことになる可能性も期待できそうです。新しい"もの作り"として、IP開発とその流通が世界的に始まったといえるでしょう。

2. VHDL開発環境

　どのHDL（回路記述言語）を用いるにしても、IC開発（FPGAに対して、その内部構成を決定するために書き込むデータを作成すること）を行うためには、従来からのプログラム開発の時と同じように、開発環境を整えなくてはなりません。本書では、VHDLを採用した場合のIC開発環境のことを「VHDL開発環境」と呼ぶことにし、以下に紹介します。

VHDL開発環境の基本構成

　VHDL開発環境の基本構成例としては、図7のようになるのが一般的でしょう。まずは、エディタや仕様設計ツールを用いて、希望するICの機能を

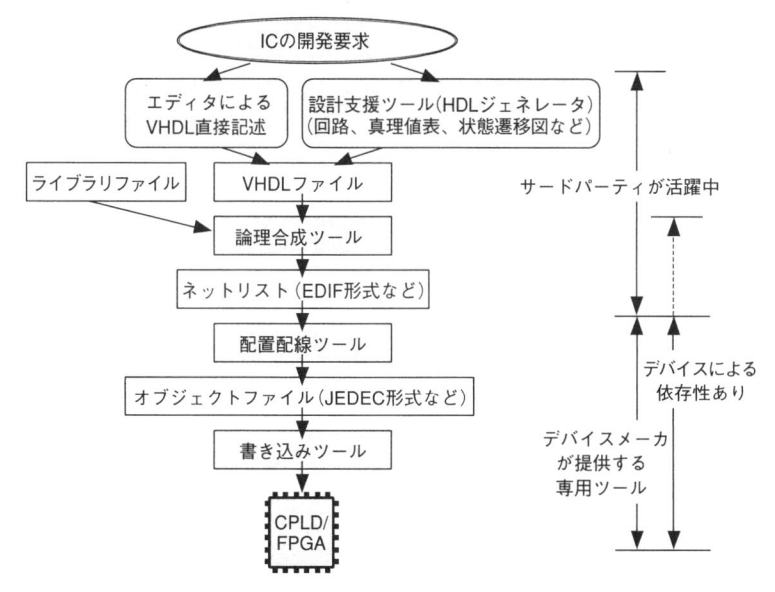

```
            ICの開発要求
               │
       ┌───────┴───────┐
  エディタによる      設計支援ツール(HDLジェネレータ)
  VHDL直接記述      (回路、真理値表、状態遷移図など)
       └───────┬───────┘         ┐
                │                │
  ライブラリファイル → VHDLファイル    │ サードパーティが活躍中
                │                │
            論理合成ツール          ┘
                │
         ネットリスト(EDIF形式など)
                │
            配置配線ツール          ┐
                │                │ デバイスによる
     オブジェクトファイル(JEDEC形式など) │ 依存性あり
                │                │
            書き込みツール          │ デバイスメーカ
                │                │ が提供する
             CPLD/FPGA            ┘ 専用ツール
```

図7　VHDLによるIC開発環境の基本構成例

VHDLで記述したVHDLファイル（通常のテキストファイル形式）を作成します。この場合のエディタとは、C言語などのソースファイルを作成する場合に使用するものと同じで、テキストエディタと呼ばれるツールです。Windowsのアクセサリとして附属している「メモ帳」や「Word」などのワープロソフトでも、半角英字モード（英文ワープロとして）で使用すれば代用できます。

さて、VHDLで記述されたファイルは、論理合成ツールによってFPGAの内部接続関係を表すデータファイル（ネットリストと呼ばれる：EDIF型式など）へと変換されます。C言語プログラミングにおけるコンパイル処理に相当するようなステップのため、VHDLの場合にもコンパイル処理と呼ぶことがあります。

つぎに、配置配線ツールを用いて、具体的なＩ／Ｏピンの割り当てなど、特定デバイスへの書き込み用データファイル（オブジェクトファイルと呼ぶ：JEDEC型式など）へ変換します。この処理はフィッティングと呼ばれます。以上の処理により得られたオブジェクトファイルを、FPGAに書き込みツールを用いて書き込めば、IC開発はとりあえず完了となります。しかし、できあがった時に希望どおりに動作するとは限りません。そのような場合には、プログラム開発におけるデバッグに相当する修正作業が必要となります。

さてここで、エディタと論理合成ツールまでは特定のデバイスに依存しませんが、配置配線ツールについては結果を書き込むデバイスごとに、それぞれのデバイスメーカが用意している専用ツールを使用する必要があります。

VHDL開発環境の現状は、FPGAデバイスメーカが主導権を握っているといえるでしょう。かつて、インテル社とモトローラ社という2大MPUメーカが、マイコン開発環境を2分していたように、数社のFPGAデバイスメーカが自社製の開発環境の選択を強制しているのが現状のようです。少なくとも、配置配線ツールに関しては、使用するデバイスを選択した時点で決まってしまうことになります。したがって、今後のFPGAデバイスメーカの主導権争いからは、目が離せない状況にあるといえます。

ところで、主なFPGAデバイスメーカのホームページでは、無償のVHDL開発環境を提供しています（巻末の参考資料「無料VHDL開発環境の入手法」を参照）。インターネットを使用してダウンロードすることによって、ある程度のレベルまでの試用が可能です。

開発支援ツールを用いたIC開発

さきに紹介したVHDL開発環境の中で、VHDLファイルを作成するもう一つの方法として、設計支援ツールを用いる方法があります。それらは、従来からの論理回路記述に用いられてきた種々のビジュアルな表記法の利用を可能にしたもので、それぞれの表記法による記述をVHDLで記述したファイルに変換するツール（いわゆるジェネレータ）です。

利用できる主な従来表記法としては、回路図はもちろんのこと、真理値表、状態遷移図、フローチャート、ブロックダイアグラムなどがあります（**図8**参照）。これらは、ブロック単位であれば混在させることができます。

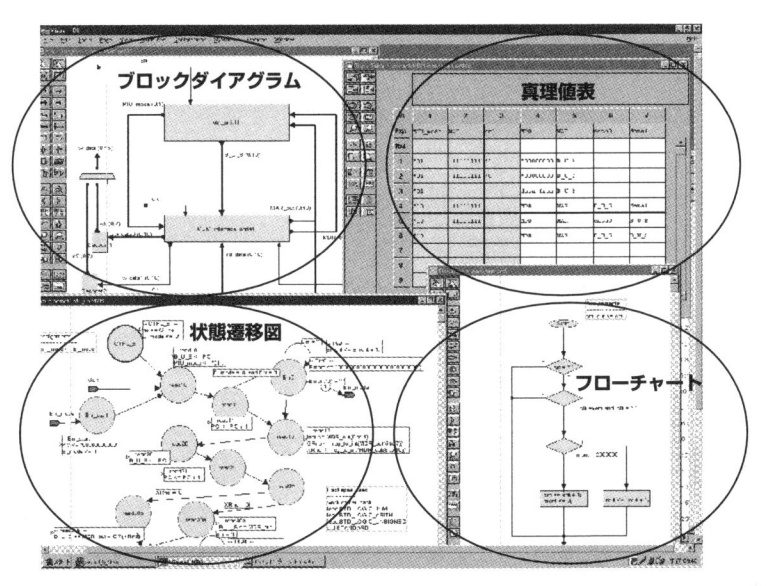

図8　設計支援ツールの例（innoveda社 Visual Elite の場合）

この支援ツールの登場により、VHDLの知識がなくても、従来からの表記法の知識さえあれば、FPGAを用いたIC開発を行うことができるようになりました。

しかし、実用となるICにするためには、微妙なタイミング調整や、動作速度の向上などが必要となる場合が予想されます。その際には、どうしてもVHDLレベルによる修正作業が必須となります。したがって、今後、ビジュアルな設計支援ツールのような便利なツールが普及したとしても、VHDLに関する知識は、今後の電子技術者にとって、必須なものとなることは間違いないと思われます。

開発環境とIPの種類

IPの有用性およびそれらの商品としての流通が始まったことについては、すでに紹介したところですが、開発段階のどのステップにおいて利用可能となる形式で提供するかによって、IPは3種に大別されます（**図9**参照）。また、それらは、修正や変更などの自由度を取るか、確実に動作することのタイミング保証を取るかの特徴を持っています。

ソフトIPは、VHDLファイル形式として提供するもので、すべての記述内容を明らかにするため、価格は最も高くなります。デバイス依存性は最も少なく、修正や変更を行うことも思いのままです。しかし、具体的なデバイスへの適用に関しては、利用者が行うことになります。

ファームIPは、配置配線処理（フィッティング）ステップで利用する形式で提供するものです。適用できるデバイスは制限されますが、デバイス内部での配置配線は自由に行うことができます。現在のIP流通形式として、最も一般的と思われます。

ハードIPは、デバイスと配置配線を限定したIPです。そのため、動作タイミングは保証され、確実な動作を期待することができます。MPUなどのように大規模な場合や、高速動作を要求されるような場合には、このハードIPによるのが確実です。

図9　配布形式によるIPの種類

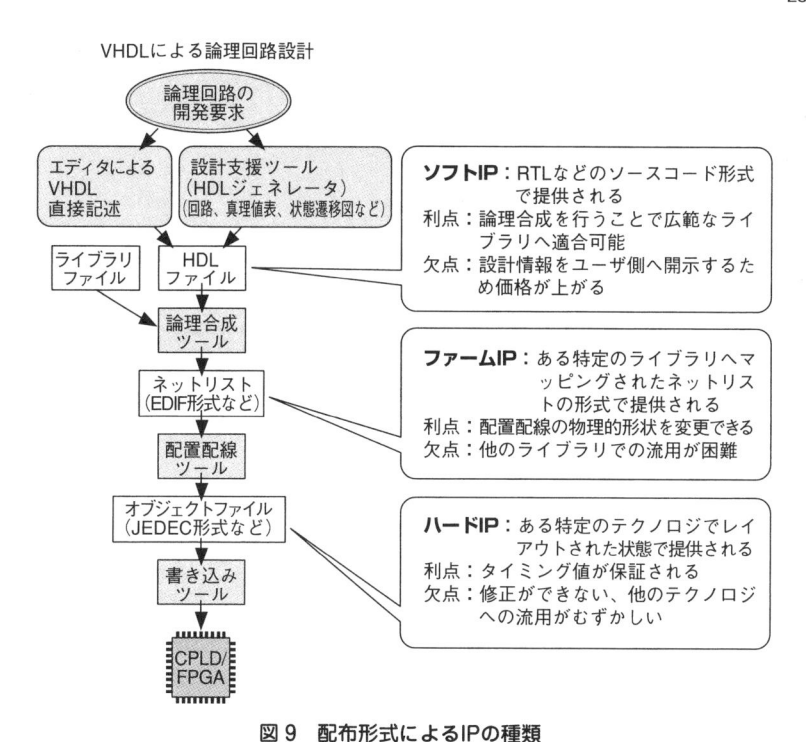

シミュレーションも可能

　VHDL開発環境ではVHDLファイルまたはオブジェクトファイルを基にした、2種類のシミュレーション機能を持つ場合があります（**図10参照**）。

　VHDLファイルの段階で行うシミュレーションは、論理シミュレーションとか理想シミュレーションなどと呼ばれ、デバイスの遅延時間を含まない純然たる論理のシミュレーションを行います。そのため、開発者の考え（論理設計内容）が正しいのかどうかの確認を行うのに有効です。

　オブジェクトファイル段階でのシミュレーションでは、実装することを予定している具体的なデバイスの遅延情報などを含めたタイミングシミュレーションを行うことができます。そのため、実回路基板ができあがる前でも、入力信号を任意に設定して動作確認を行うことが可能です。

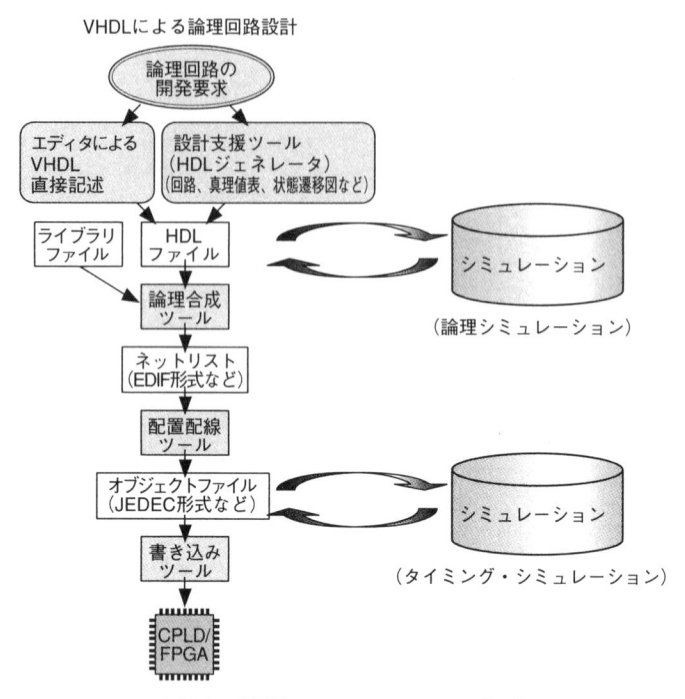

図10 2種類のシミュレーションが可能

　しかし、このシミュレーションの結果がOKとなったとしても、実回路での動作が必ずしもOKになるとは限らないというのが、現実の厳しさといえるでしょう。大きな回路規模が扱えるようになればなるほど、シミュレーションの精度が求められることになります。一方、FPGAデバイスメーカからは、デバイス内に配置するデバッグ用の機能モジュールの提供が始まってきています。

3. VHDLの書き方

　ここでは「VHDLを用いてICを作る！」ということが、一体どういうことなのか？　について、概略を紹介することにしましょう。VHDLによるICの機能記述の仕方に関するイメージを理解してください。

　また、併せてVHDLの最も基本となるentity（エンティティ）部とarchitecture（アーキテクチャ）部の記述の仕方についても紹介します。

ICとVHDL記述との対応関係

　自分の希望するICを作る（ICの機能を記述する）ためには、ICの入出力信号の名称と、IC内部の機能（内部回路）の両方を決めなければなりません。VHDLによるICの機能記述においても全く同様で、以下のように3つの部分を記述することによって構成されます（図11参照）。

```
FPGA
出力信号  内部回路  入力信号

具体的なデバイスの
ピンへの割り当て
VHDLでは
規定されていない

entity部（入出力信号の定義）
entity SAMPLE is
port    (A,B:in std_logic;
         X,Y:out std_logic);
end SAMPLE;

Architecture部（内部回路の定義）
architecture RTL of SAMPLE is
begin
        X <= A and B;
        Y <= A or B;
end RTL;

VHDL記述
```

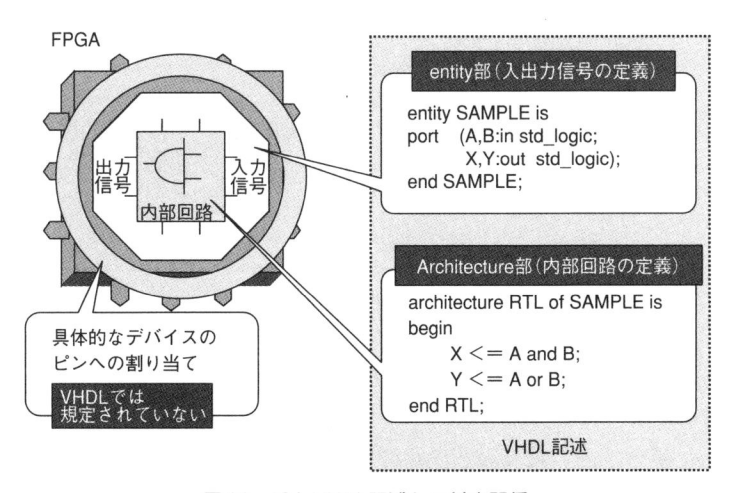

図11　ICとVHDL記述との対応関係

① 内部回路の入出力信号に関する定義　→　entity部で記述する
② 内部回路の機能に関する定義　　　　→　architecture部で記述する
③ ICピンへの具体的割当て　　　　　　→　VHDLでは決められていない
　　　　　　　　　　　　　　　　　　　　（使用する各開発環境に依存）

　ここで、①と②については、VHDLで記述することができますが、③に関してはVHDLでの記述の仕方が明確に決められていません。そのため、各デバイスメーカが、それぞれの方法を開発環境とともに提供しているのが現状です。それでは、①～③の順に説明していきましょう。
　ところで、VHDL記述では、英字の大文字／小文字を区別しません。そこで、本書においては、VHDLのキーワード（決まり文句）については小文字、ユーザが自由に定義できる部分（識別子など）については大文字を使用して記述することとし、両者の区別を明確に示すようにしてあります。

(1) 入出力信号の定義の仕方

　entity部と呼ばれる記述の中で、ICの内部回路（コンポーネントと呼ぶ：architecture部で定義される）と外部とのインターフェイスの定義を行います。具体的な方法としては、図12に示すようにportキーワードで始まる記述において、コンポーネントを入出力する信号の出入り口（ポートという）に関する各種の宣言を行います。port文の書き方は以下のようになります。

　port（ポート名：入／出力の区別　　データ型）；

　入出力ポート名は、1文字以上の文字列とし、
　　・英字（大文字と小文字は区別されない）
　　・数字（0～9）
　　・記号としては_（アンダーライン）のみ
が使用できます。ただし、_は2個以上連続して使用しないこと、および名称の最後に使用しないことが定められています。
　また、ポート名の最初は、英字で始まらなければなりません。その際、すでに説明しましたが、英字の大文字と小文字は、区別されませんので注

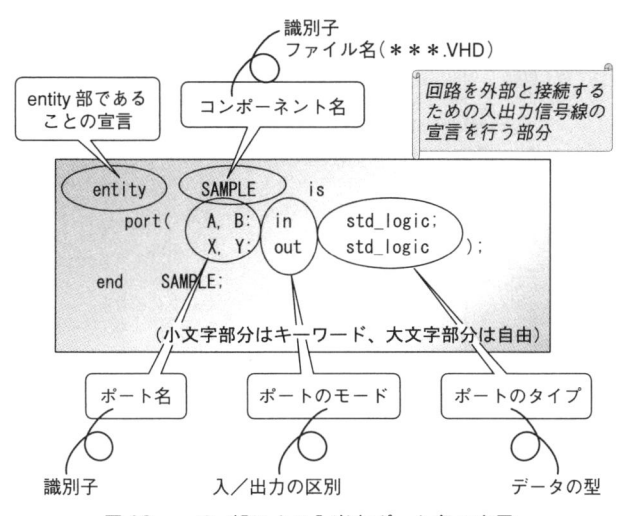

```
                    識別子
                    ファイル名(＊＊＊.VHD)

 entity部である    コンポーネント名    回路を外部と接続する
 ことの宣言                            ための入出力信号線の
                                       宣言を行う部分

     entity   SAMPLE   is
        port(  A, B:   in    std_logic;
               X, Y:   out   std_logic  );
     end    SAMPLE;
              (小文字部分はキーワード、大文字部分は自由)

         ポート名      ポートのモード    ポートのタイプ

         識別子        入／出力の区別     データの型
```

図12　entity部による入出力ポート名の宣言

意してください。たとえば、INPUT、input、InPutなどは、どれも同じものとして扱われることになります。このポート名の付け方は、これから説明して行くVHDLによる回路記述中のあちこちに登場する"識別子"全般に適用されます。

　まずは、図12に示したentity部の記述における"コンポーネント名"が、この識別子に該当します。コンポーネント名は、これから開発するIC（回路）に付ける名前のことです。そのため、開発環境によっては、このコンポーネント名を、VHDLで記述したソースファイルのファイル名とするように、指定されている場合があります。

　ポート名に続けて、ポートにおけるデータの入／出力方向の区別を記述します。これらはポートのモードと呼ばれ、

in	→	入力専用
out	→	出力専用
inout	→	入出力両用（双方向）

の3種が基本です。この他に、buffer（出力を内部で入力として再利用してい

```
            ┌─────┐    入力専用モード
            │コンポー│    コンポーネントの内部に入り、
       in ─→│ネント│    外部へは出ない信号
            └─────┘

            ┌─────┐    出力専用モード
            │コンポー│    コンポーネントから外部へ出て行くだけで、
      out   │ネント│─→  内部では使用しない信号
            └─────┘

            ┌─────┐    入出力モード（スリーステート）
            │コンポー│    コンポーネントの内部に入るとともに、
    inout ←→│ネント│←→  外部へも出て行く信号
            └─────┘

            ┌─────┐    出力モード
            │コンポー│    コンポーネントの外部へ出て行くが、
   buffer   │ネント│─→  内部でも使用する信号
            └──┘←┘    （ただし、外部から内部へは入れない）
```

図13　ポートのモード

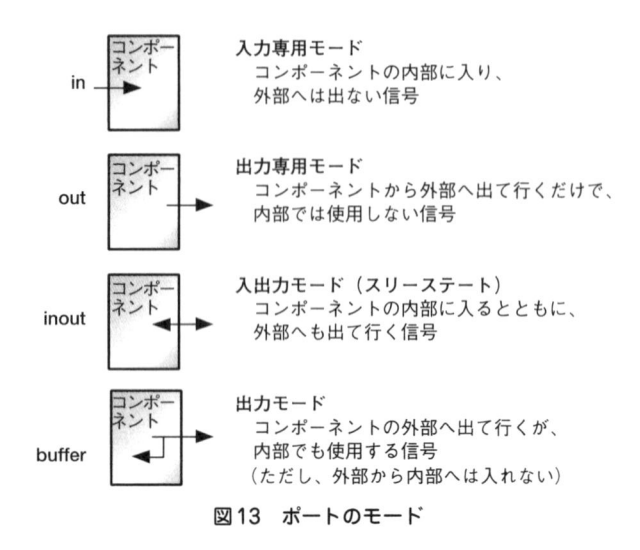

る）がありますが、実際に応用する際に癖が強いため、初学者は使用しない方が良いと思われるので、本書では最小限の説明に止めています（図13）。

最後は各ポートで取り扱うデータの種類（データ型）に関する記述で、ポートのタイプと呼ばれます（図14）。ここでは、最もよく使用される標準的な論理信号を扱う場合のデータ型を覚えてください。そのデータ型には、構成する信号線の本数によって、

　　　std_logic　　　　　→　1本の信号線
　　　std_logic_vector ()　→　信号線の束

の2種類に分けられます。std_logic_vector () では、束（バス）を構成する信号線の数を () の中に書きます。

たとえば、マイコンのMPUなどでお馴染みのデータバスが32ビットであった場合、その信号線の束はMSBの添え字が31、LSBの添え字が0として表しますので、

　　　data_bus: inout std_logic_vector (31 downto 0);

のような記述となります。

さて、VHDLでは、C言語プログラミングと同じように、文の最後に；
（セミコロン）を付けることになっています。また、port文の記述では、()
で囲んだ中において、複数の入出力ポートの名称宣言を連続して行うこと
ができます。この場合の区切りにも；を使用します。しかしここで、一番最
後の宣言には区切り用の；が不要なことに注意してください。

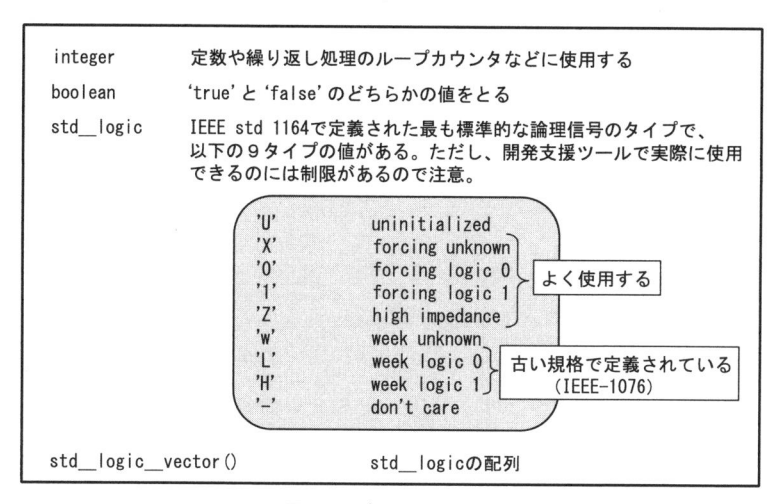

```
integer      定数や繰り返し処理のループカウンタなどに使用する
boolean      'true'と'false'のどちらかの値をとる
std_logic    IEEE std 1164で定義された最も標準的な論理信号のタイプで、
             以下の9タイプの値がある。ただし、開発支援ツールで実際に使用
             できるのには制限があるので注意。

             'U'   uninitialized
             'X'   forcing unknown
             '0'   forcing logic 0    ┐ よく使用する
             '1'   forcing logic 1    ┘
             'Z'   high impedance
             'W'   week unknown
             'L'   week logic 0       ┐ 古い規格で定義されている
             'H'   week logic 1       ┘ （IEEE-1076）
             '-'   don't care

std_logic_vector()         std_logicの配列
```

図14　ポートのタイプ

```
              区切り用             port文の終わり
                ↓                     ↓
  port  ( A,B:  in  std_logic;  X,Y:  out  std_logic  );
                                             ↑
                                        ここには不要
```

1行で記述

```
  port  ( A,B:  in   std_logic;
          X,Y:  out  std_logic );
```

2行に分割して記述

図15　複数のポート宣言の仕方

図15に示した2つのport文の記述内容は、どちらも同じであることを確認してください。そうなんです。図下の記述は、見やすくするために、1つのport文を、2行に分けて書いただけなのです。よく間違えますので、注意してください。

最後に、entity部の終わりを示すendに続けて、コンポーネント名を書きます。

(2) 内部回路の定義の仕方

内部回路の機能については、architecture部を用いて行い、beginとendで挟んで定義します（図16参照）。したがって、本書での解説は、architecture部の記述の仕方が中心となります。

architectureキーワードに続けて記述方式（behavior（動作記述）とかstructure（構造記述）など）を指定することになっていますが、今日パソコン上で動作する論理合成ツールの多くでは、この箇所をチェックしていないものがほとんどのようです。実際に使用する論理合成ツールの規定に従ってください。そのため、本書中では常にRTL（Register Transfer Level：現時点で最も実用的な記述レベル）を指定することにしました。

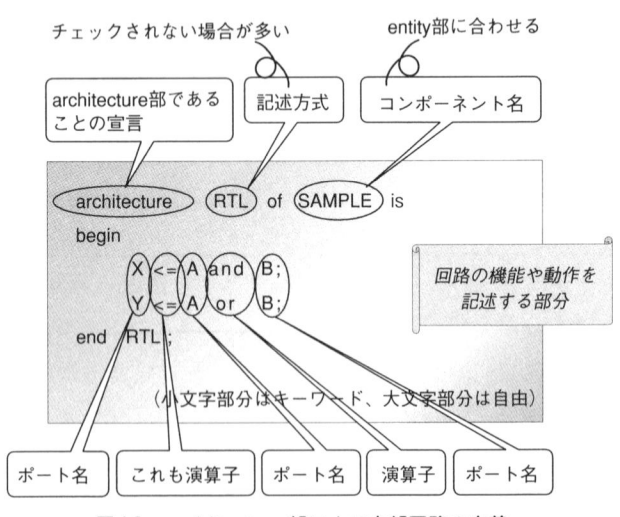

図16 architecture部による内部回路の定義

つぎにofに続けて、entity部において定義したコンポーネント名を記述します。entity部とarchitecture部とがコンポーネント名を共通にすることによって、両者の対応関係を明確にさせます。

さて、具体的な内部回路の機能記述ですが、すでにentity文で宣言した入出力ポートの中から、ポートのモードをinで定義したポート（A、Bなど）から信号を入力し、希望した演算処理を行い、その結果をoutで定義したポート（X、Yなど）へ出力するという形で表します。この記述についても、各処理（各文）ごとに；（セミコロン）で終わらせます。

このときに使用する演算子としては、and（論理積）、or（論理和）、not（否定）、xor（排他的論理和）などの論理演算子のほか、＋（加算）、－（減算）、＊（乗算）、／（除算）、mod（モジュロ）などの算術演算子や、＝（等しい）、／＝（等しくない）、＞（大なり）、＜＝（以下）などの関係演算子もあります。

演算結果を出力する場合にも、＜＝が用いられますが、これは関係演算子ではなく、代入演算子と呼ばれる別の演算子です。チョットややこしくなりましたが、すぐに慣れますので安心してください。

最後のendに続けて、architectureのつぎに書いた記述方式を書きます。これは、省略可能なので、endだけでもOKです。

(3) ICピンへの具体的な割当て方

コンポーネント名で表した回路に関して、入出力ポート名をentity部で定義し、内部回路の機能をarchitecture部で定義することにより、希望した自分専用の回路を構成するところまで到達しました。あとは、入出力ポートを具体的なFPGAの特定のピンへ割り当てさえすれば、自分専用のICができあがることになります。

このピン割り当てを行うための記述に関して、VHDLでは決められていないことについては、すでに説明した通りです。そのため、各デバイスメーカがそれぞれのデバイスにピン割り当てを行う方法について、種々の手段を提供しています。

その代表的な方法としては、以下のようなものがあります。採用した

VHDL開発環境のそれぞれの方式に従ってください。

① attributeキーワードを用いてVHDLファイル内に記述する（**図17**(a)参照）
② 配置配線ツールへ専用ファイルとして与える方法（同図(b)参照）
③ マウス操作によるビジュアルな方法で割り当てる（同図(c)参照）
　（結果的に、②の専用ファイルが出力される）

ツールによっては、適用デバイスのみを指定し、ピン割り当てをしないで配置配線処理を行うと、指定したデバイスを最も効率よく使用するためのピン割り当てを提案してくる機能があります。開発したデバイスを実装するためのプリント配線基板の開発に期間的な余裕があれば、ツールから出力される提案を基に、実際のピン割り当てを決定するのが、効果的と思われます。さらには、回路規模にあった最適なデバイスを、自動選択して

```
entity SAMPLE is
  port( A, B : in std_logic;
        X, Y : out std_logic)
  attribute pin_numbers of SAMPLE:entity is
  "A: 3   B: 4" &
  "X: 15  Y: 19";
end SAMPLE;              ここで記述する

architecture RTL of SAMPLE is
begin
  ・・・・・・・・・・
```

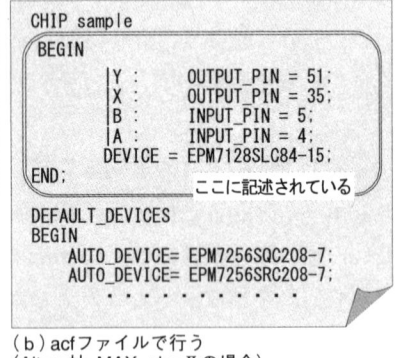

(a) VHDLファイル内で行う
（Cypress Semiconductor社Warp2の場合）

```
CHIP sample
BEGIN
      |Y :      OUTPUT_PIN = 51;
      |X :      OUTPUT_PIN = 35;
      |B :      INPUT_PIN = 5;
      |A :      INPUT_PIN = 4;
       DEVICE = EPM7128SLC84-15;
END;                ここに記述されている

DEFAULT_DEVICES
BEGIN
   AUTO_DEVICE= EPM7256SQC208-7;
   AUTO_DEVICE= EPM7256SRC208-7;
   ・・・・・・・・
```

(b) acfファイルで行う
（Altera社 MAX+plus IIの場合）

信号名の
リスト　それぞれ
　　　　ドラッグする

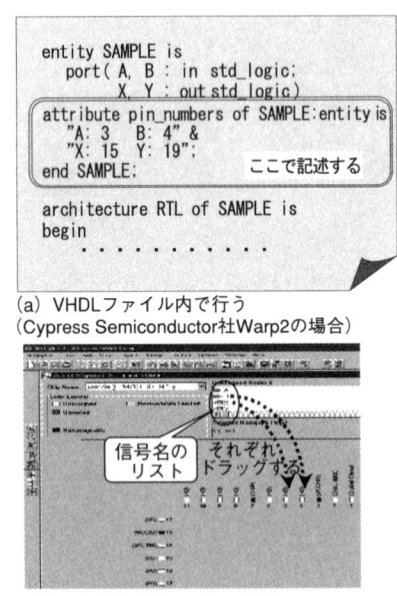

(c) ビジュアルに行う
（Altera社 MAX+plus IIの場合）

図17　具体的なデバイスにピン割り当てを行う方法

くれる機能を持つツールさえあります。使用するデバイスを自由に選べる場合には、この機能を利用するのがよいでしょう。

簡単なVHDL記述の例

さて、これまでにVHDLを用いてICを作るために必要となる、2つの重要な要素であるentity部とarchitecture部の概略について紹介しました。そこで、それら2つの要素を合わせて、完全なVHDL記述に仕上げたのが図の記述例です。

VHDL記述の初めの部分に、オマジナイの2行が追加されているところに注意してください。この2行は「パッケージ呼び出し部」と呼ばれ、これから毎回登場することになる大切な記述です。細かな理由は「Step4．VHDL文法のあらまし」を参照していただくことにし、ここではVHDL記述の際の、先頭に毎回必ず書くものだということだけを覚えておいてください。

それでは、**図18**のVHDL記述によって、どんな回路ができあがるのかを考えてみましょう。entity部で、コンポーネント名を「SAMPLE」にしています。したがって、end の後にも「SAMPLE」を付けます。つまり、SAMPLEという名前のICを作ることを意味しています。

```
library ieee;
use ieee.std_logic_1164.all;

entity SAMPLE is
    port( A, B: in  std_logic;
          X, Y: out std_logic);
end SAMPLE;

architecture RTL of SAMPLE is
begin
    X <= A and B;
    Y <= A or B;
end RTL;
```

- この2行は、必ず書くオマジナイと考える
- 入出力ポートの定義
- 内部回路の定義
- 小文字部分はキーワード、大文字部分は自由

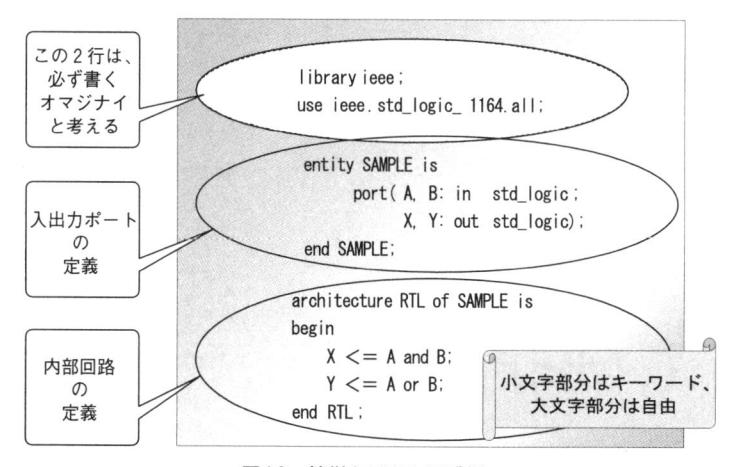

図18　簡単なVHDL記述例

entity部では、port文を用いて、回路の入出力ポートの宣言をしています。この例では、AとBという2つの入力専用（in）ポートがあって、それらはともに1本ずつの配線（std_logic）で構成されています。また、XとYという出力専用（out）ポートがあって、これも1本ずつの配線で構成されていることがわかります。つまり、図のVHDL記述によって作られる回路には、合計4本の入出力ポートが備わっていることになります。

　architecture部では、記述方式をRTLとし、ofに続くコンポーネント名に前記したentity部のコンポーネント名と同様にSAMPLEと記述することによって、両者の関係を明確にしています。beginで始まる回路動作に関する記述としては2つあります。1つ目の動作は、入力ポートAとBから入力した値の論理積（AND）演算を行い、結果を出力ポートXへ代入（出力）しています。2つ目の動作は、入力ポートAとBから入力した値の論理和（OR）演算を行い、結果を出力ポートYへ代入（出力）しています。

　この回路の動作シミュレーションを行った結果を**図19**に示します。以上から、ここで紹介したVHDL記述によって作られたICには、Architecture部で記述した通りの、2入力AND処理と2入力OR処理の機能が1個ずつ入っていることがわかります。

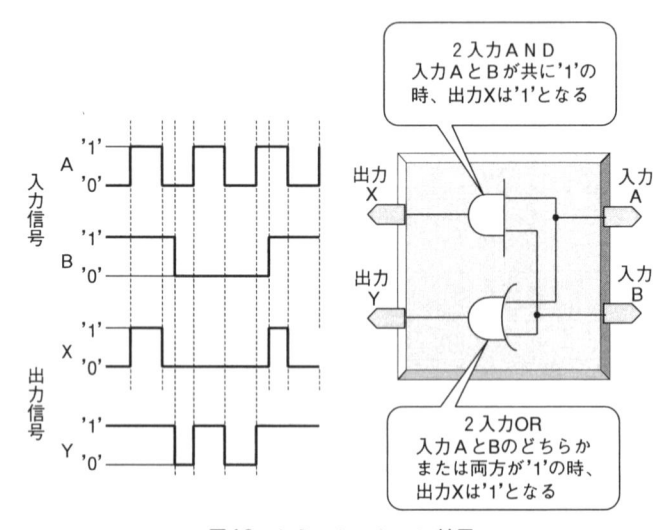

図19　シミュレーション結果

VHDL記述の基本構造

　すでに何度も繰り返し説明してきたところですが、VHDLによる回路記述は、entity部とarchitecture部のペア、およびそれらの記述に必要となるパッケージ呼び出し部などによって構成される"コンポーネント"と呼ばれる回路設計単位の組み合わせによって行うのが基本です（**図20**参照）。

　これまで、entity部では、設計する回路の入出力ポートについて記述するとだけ説明してきましたが、正確には、ここで宣言される入出力ポートは、FPGAデバイスのピンへ接続する場合の他に、他のコンポーネントとの接続にも使用されます。

　このことを、従来のプリント回路基板を使用した電子回路にたとえると、コンポーネントはそれぞれ1個ずつのICに相当し、FPGAデバイスはプリント回路基板に相当することになります。したがって、ICのピンからの配線（つまりコンポーネントの入出力ポート）は、他のIC（他のコンポーネント）

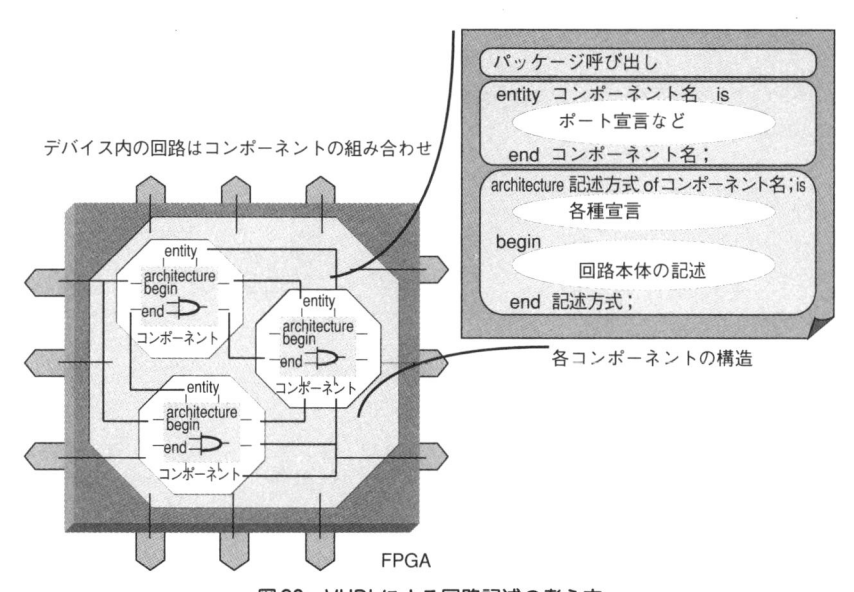

図20　VHDLによる回路記述の考え方

に接続したり、他の回路基板などと接続するためにプリント回路基板のエッジコネクタ（FPGAのピン）などへ接続されることになります。

　これまで、VHDLによるIC開発のひととおりを紹介してきました。つぎのStep2からは、ストップウォッチを構成する個々の回路ブロックを例にして、VHDL記述の仕方を説明して行くことにしましょう。

Step2

ストップウォッチを作る I
（組み合わせ回路まで）

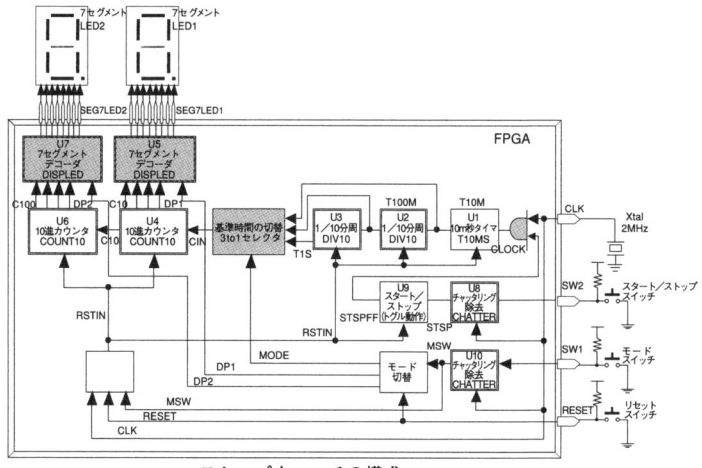

ストップウォッチの構成

1. LEDを点灯させる

　ストップウォッチの表示部としてのLED点灯回路を例に、VHDLによる基本的な回路記述方法について説明します。＜＝演算子による配線に関する記述を覚えましょう。

LEDの特性

　VHDLによる回路設計の説明に入る前に、作成した回路の動作を目で確認するためにLEDを使いたいので、まずはLEDの特性について理解しておきましょう。

　LEDは発光ダイオード（Light Emitting Diode）の略で、基本的にダイオードと呼ばれる半導体の1つです。

　ダイオードには、一方向に（アノード側からカソード側へ向かって）のみ電流を流すという性質があります。そのため、ダイオードを表す図記号は、電流の流れる向きを示す矢印になっています（**図1**）。

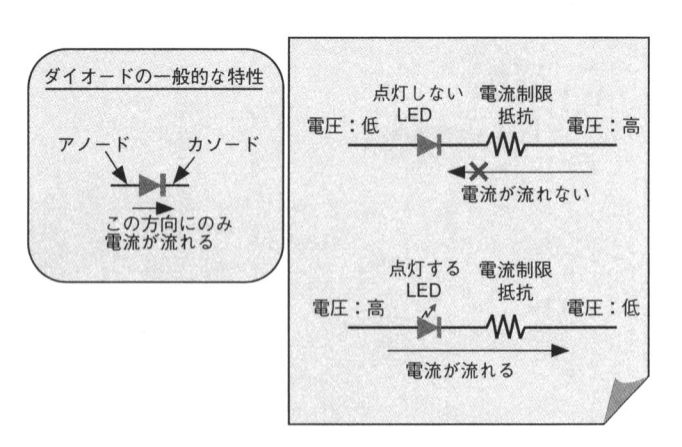

図1　LEDの点灯と消灯

LEDは、ダイオードとして電流の流れる向きに電圧が加えられたとき、電流が流れると同時に発光（点灯）します。そして、このとき流れる電流の大きさを制限するために、電流制限抵抗と呼ばれる抵抗が必要となります。抵抗の値は、LEDの種類や輝度をどの程度にするかによって異なります。一般的には、数mAといったところです。

　ディジタル回路で扱う電圧値としては、高・低の2種類だけです。VHDL記述との対応関係は、電圧高は'1'（または'H'）、電圧低は'0'（または'L'）と考えてよいでしょう。

LEDを接続する

　VHDLでは、「配線する」ということを表すのに <= を用います。これは、代入演算子と呼ばれます。たとえば、DP1、DP2というICの信号ピンがあった場合、

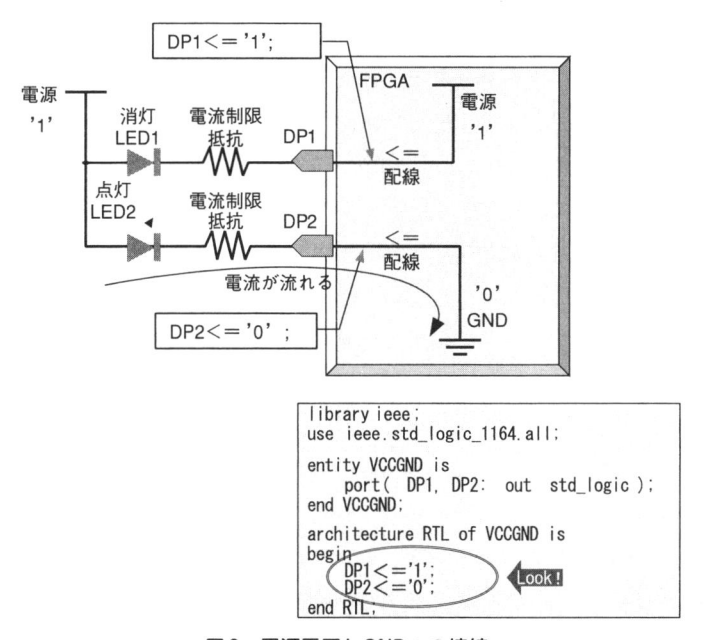

```
library ieee;
use ieee.std_logic_1164.all;

entity VCCGND is
    port( DP1, DP2: out std_logic );
end VCCGND;

architecture RTL of VCCGND is
begin
    DP1<='1';
    DP2<='0';
end RTL;
```

図2　電源電圧とGNDへの接続

DP1 <= '1';

は、「DP1に論理値'1'を配線する」を意味しています。ディジタル回路で'1'という論理値は、電源（5Vが標準だったが最近は3.3Vなどへ低下する傾向にある）に接続することと等価なので、別の言い方をすると「DP1に電源を配線する」ことになります。

同様にして、

　　DP2 <= '0';

は「DP2に論理値'0'を配線する」ことを意味しています。論理値'0'は、GND（0V）に接続することと等価なので、別の言い方をすると「DP2にGNDを配線する」こととなります。

ここで、DP1、DP2には、それぞれLED1、LED2が電流制限抵抗を介して、図2のように接続されているとしましょう。すると、LED1には電流が流れないので消灯し、LED2には電流が流れるため点灯することになります。

配線のルール

<=演算子を用いて配線を行えることについては、説明したとおりです。ところが、ここで、1つだけ覚えておかなければならない大切なきまり（ルール）があります。それは、1対多の配線の仕方においてです。

図3に示すように、1つの入力を、複数ある出力へ分けて配線することは可能です。この場合、1つの入力からの値が、それぞれの出力へ配線されることになります。

一方、複数の入力を、1つの出力へ集中して配線することはできません。なぜなら、複数の入力からの値が異なっていた場合のことを考えてみてください。どの値（'1'か'0'か）を出力の値として採用してよいのか困るでしょう！　従来からのディジタル回路においても、当然のことですが、このような配線は不可でした。

どうしても、複数の入力の値を、1つの出力へ配線したいのなら、複数の入力の値を1つの出力にまとめるための何らかの演算が必要です。単に、<=演算子だけによる配線では、1つにまとめることはできません。何

らかの演算の仕方については、順に紹介していきます。

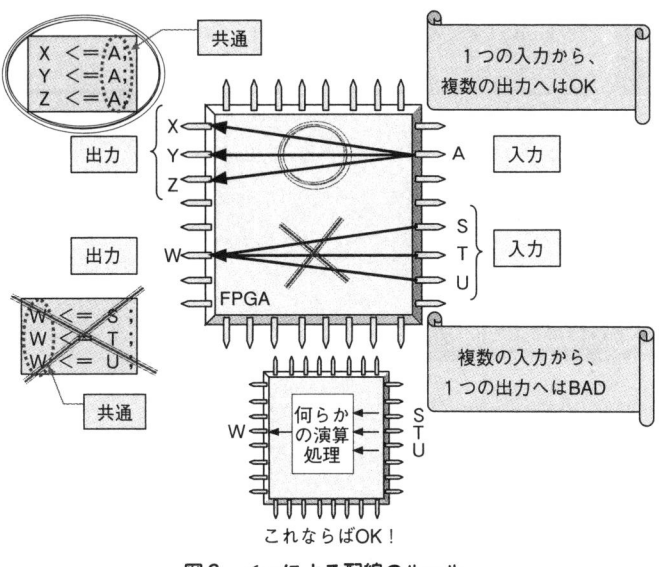

図3 ＜＝による配線のルール

2. スイッチを接続する

　ストップウォッチに必要なスイッチ接続回路について説明します。LED点灯回路と組み合わせて、VHDLで利用できる論理演算処理についても紹介します。

スイッチ接続回路

　まず、スイッチの接続の仕方について説明しましょう。スイッチの原理は、だれもがよく知っているように、接点を閉じたり開いたりさせて、電流を流したり切ったりするものです。その2つの状態を、ディジタル信号の電圧値である'1'と'0'に対応づけるためには、**図4**のような2種類の接続回路が考えられ、スイッチを押した時に'1'とするか'0'とするか、目的に応じて使い分けることができます。

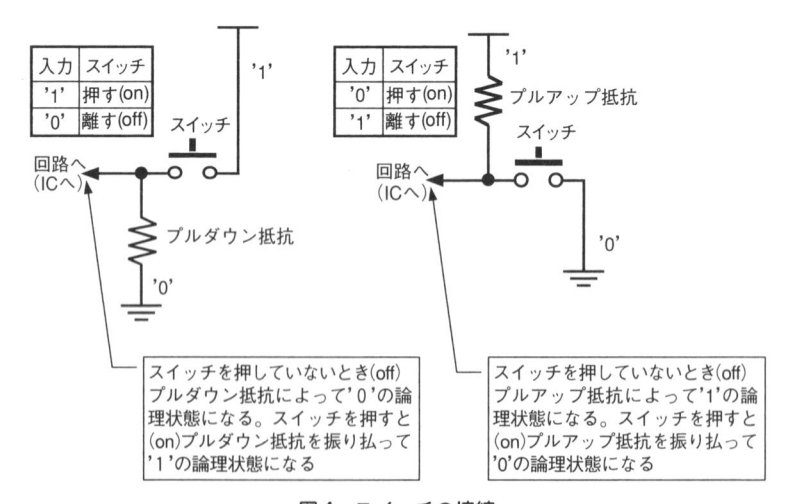

入力	スイッチ
'1'	押す(on)
'0'	離す(off)

入力	スイッチ
'0'	押す(on)
'1'	離す(off)

スイッチを押していないとき(off)プルダウン抵抗によって'0'の論理状態になる。スイッチを押すと(on)プルダウン抵抗を振り払って'1'の論理状態になる

スイッチを押していないとき(off)プルアップ抵抗によって'1'の論理状態になる。スイッチを押すと(on)プルアップ抵抗を振り払って'0'の論理状態になる

図4　スイッチの接続

図4左の接続法は、スイッチの一方の接点を電源（'1'）に接続し、他方の接点を回路に接続するように配線します。その際、回路に接続する側の配線は、抵抗によってGND（'0'）に接続しておきます。
　もし、この抵抗による接続を忘れてしまうと、スイッチの接点が開いているとき、回路側からの配線が（電気的に）どこにも接続されていない宙ぶらりんの状態となり、回路に加わる論理値（'1'なのか'0'なのか）が不安定となってしまいます。これを防ぐために、抵抗でGND（'0'）へ接続しておき、強制的に'0'の状態へ引き下ろして（プルダウンして）、安定するようにしているのです。そのため、このような用い方をする抵抗のことを、プルダウン抵抗と呼びます。
　スイッチを押して接点が閉となったときは、プルダウン抵抗の引き下ろしを振り払って'1'の状態が回路へ加わることになります。
　図4右に示したもう1つの方法は、すべてが逆で、スイッチの一方の接点を'0'に接続し、他方の接点を回路へと接続します。この際に、今度は抵抗によって電源（'1'）へ接続しておき、接点が開いた状態のとき、回路に加わる論理値を'1'の状態へ引き上げて（プルアップして）安定させます。そのため、このような用い方をする抵抗のことを、プルアップ抵抗と呼びます。
　スイッチを押して接点が閉となったときは、プルアップ抵抗の引き上げを振り払って'0'の状態になります。

スイッチの状態をLEDへ配線する

　入力と出力を単に配線する記述の仕方を紹介します。

　　　DP＜＝SW；

のように記述すると、FPGAデバイス内では、ただ単に入力（SW）と出力（DP）間を＜＝演算子を用いて配線しているだけの役割になります。
　スイッチの押す／離すの状態がSW入力へ伝わり、その論理状態がそのままDP出力へと導かれ、LEDを点灯／消灯させます。これまた、VHDLやFPGAを用いるまでもない、全くおもしろくない回路（単なる配線）ですが、

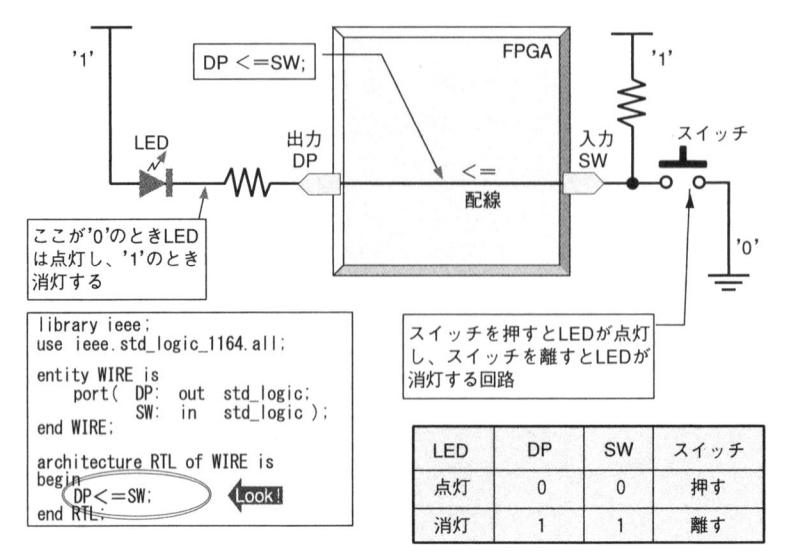

図5 入力と出力の配線

このような記述の仕方がVHDL記述の基本です。

スイッチの接続回路は、スイッチを押すと'0'、離すと'1'の論理状態をSWに供給します。一方のLEDは、DPが'0'のとき点灯し、'1'のとき消灯します。したがって、VHDL記述によってこの両者を配線すると、スイッチを押したときにLEDが点灯し、スイッチを離したときに消灯する回路となります（図5）。

VHDLの論理演算処理

前項で紹介したような、FPGAの入力と出力を単に配線するだけの回路をつくることは希で、一般的には、入力（**図6**の場合はスイッチ1とスイッチ2）と出力（図6の場合はDP）の間には、各種の演算処理を行うための回路が入ります。

VHDLでは、この演算処理部分の記述を行いやすくするために、いくつかの演算子や構文を用意しています。これから紹介して行く回路記述法とは、この部分の記述に関する方法です。

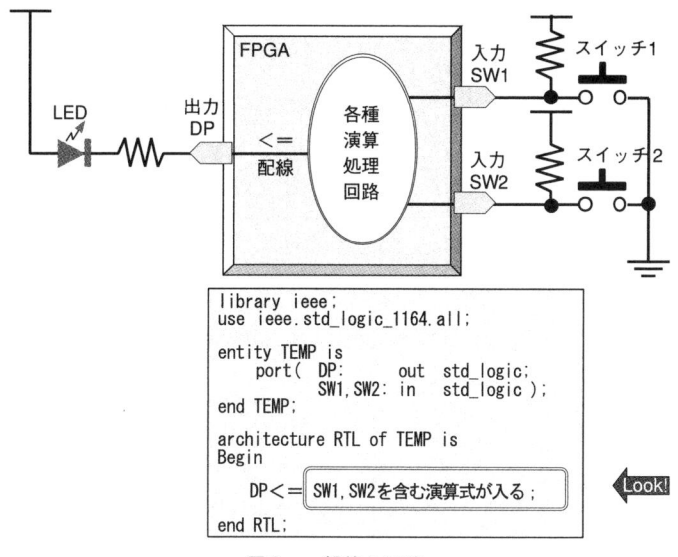

```
library ieee;
use ieee.std_logic_1164.all;
entity TEMP is
    port(   DP:         out std_logic;
            SW1,SW2:    in  std_logic );
end TEMP;
architecture RTL of TEMP is
Begin
    DP<= SW1,SW2を含む演算式が入る ;
end RTL;
```

図6　一般的な回路

（1）1入力の論理演算

まずは、最も簡単な論理演算を行う回路記述の例として、1入力の論理演算を行うnot演算子を使用した場合を紹介します。not演算子には、入力の論理値（'0'または'1'）を反転して出力する機能があります。

図7では、スイッチの状態をSW入力から取り込んで、not演算を行って状態を反転させ、その結果をDP出力経由でLEDへ接続しています。

このことをVHDLで記述すると、

　　DP＜＝not　SW；

のようになり、not演算子を論理反転させる対象となるSW入力の直前に配置して行っています。

前出の「スイッチの状態をLEDへ配線する」の動作と比較すると、DPの論理値が反転していることがわかるでしょう。SWとDPの間に、not演算子を挿入したのですから当然です。つまり、今回のVHDL記述では、スイッチを押すとLEDは消灯し、スイッチを離すとLEDが点灯する回路ができあ

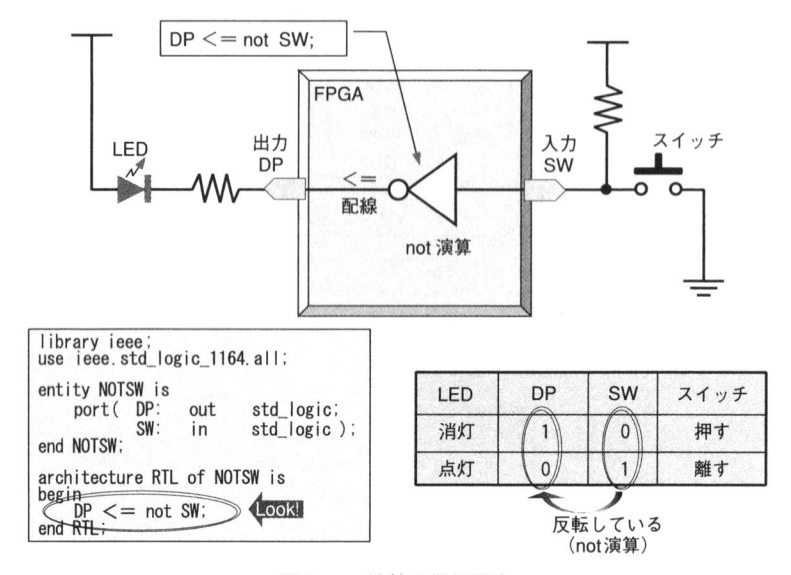

```
library ieee;
use ieee.std_logic_1164.all;

entity NOTSW is
    port( DP:    out    std_logic;
          SW:    in     std_logic );
end NOTSW;

architecture RTL of NOTSW is
begin
    DP <= not SW;
end RTL;
```

図7　not演算を行う回路

がります。

(2) 2入力の論理演算

2入力の論理演算を行う演算子には、and、or、xor、nand、norなどがあります。ここで2入力and処理を行う回路を紹介します。

VHDL記述は、

DP＜＝ SW1 and SW2;

のように、2つの入力の間にand演算子を記述します。

2入力and演算子は、2つの入力信号がともに'1'の時のみ、出力が'1'となる論理演算処理を行います。図8の場合には、スイッチ1，スイッチ2の接点が共に離れている（スイッチを押していない）とき、2入力（SW1、SW2）が共に'1'となっているので、DPに'1'が出力されます。図8の回路で、DPが'1'になると、LED消灯します。

```
DP <= SW and SW;
```

```
library ieee;
use ieee.std_logic_1164.all;
entity ANDSW is
    port( DP:       out  std_logic;
          SW1, SW2: in   std_logic );
end ANDSW;

architecture RTL of ANDSW is
begin
    DP <= SW1 and SW2;   Look!
end RTL;
```

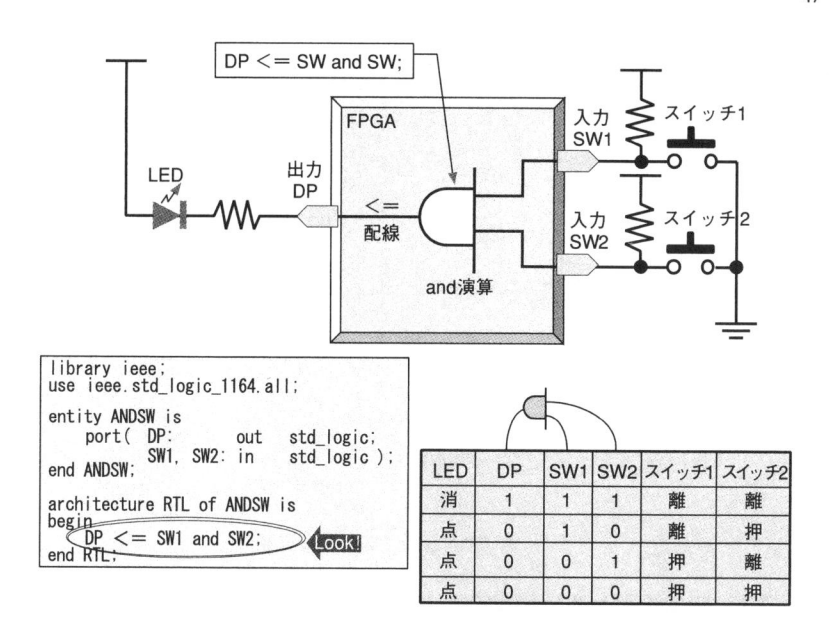

LED	DP	SW1	SW2	スイッチ1	スイッチ2
消	1	1	1	離	離
点	0	1	0	離	押
点	0	0	1	押	離
点	0	0	0	押	押

図8　and演算を行う回路

　入力が2つ（スイッチが2個）あると、それらのすべての状態の組み合わせ数としては4通りあり、それぞれの状態におけるLEDの動作は、表に示したようになります。つまり、この回路はスイッチ1とスイッチ2のどちらか1つでも押すと、LEDが点灯します。

(3) 3入力以上の論理演算

　これまでに紹介したnot演算子とand演算子の他にも、VHDLで使用できる論理演算子は図9に示すように、いろいろとあります。個々の動作については、「Step4　VHDL文法のあらまし」を参照してください。

　また、それぞれの論理演算の機能を説明する際、2入力の場合を例として紹介していますが、3入力、4入力・・・などの場合にも利用可能です（図9右参照）。ただし、not演算に関しては、1入力ごとにしか適用できません。

　多入力の場合には、それぞれの入力の間に演算子を挟んで記述します。

論理演算子	図記号	動作説明
not	─▷○─	反転（否定）
and	─D─	論理積
or	─D─	論理和
xor	─D─	排他的論理和
nand	─D○─	
nor	─D○─	

（ieee.std_logic_1164が提供している論理演算子）

3入力以上の記述の仕方

3入力and
X <= A and B and C;

4入力or
Y <= S or T or U or V;

not演算に関しては1入力のみ

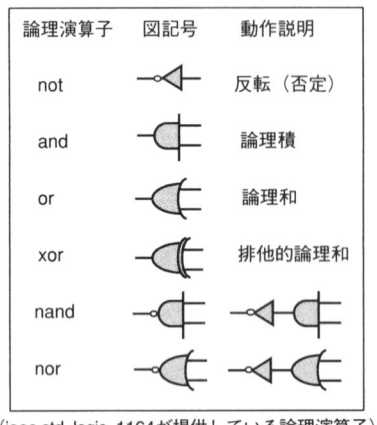

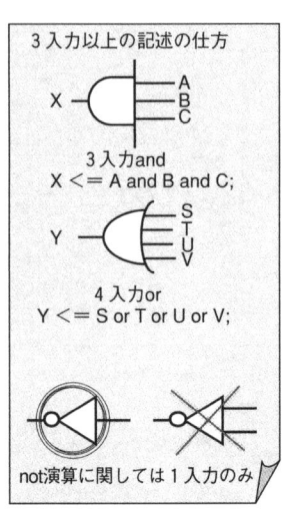

図9　VHDLで使用できる論理演算

複数の論理演算子を組み合わせた回路

それでは、ここで応用問題をやってみましょう。

図10に示すスイッチ接続回路では、スイッチ1やスイッチ2を押したときの入力値は'0'となりますが、FPGA内部では押したときに'1'として扱えるように回路を追加修正してみましょう。また、LEDは'0'が与えられたときに点灯する回路となっていますので、これを'1'の時に点灯するようにFPGA内部を変更してみましょう。2つのスイッチ入力から、1つの出力を作り出す論理演算としては、前例と同じくand演算とします。

ディジタル回路で、論理状態を反転するにはnot演算子を用います。このことさえわかっていれば、もう簡単ですね！そうです。それぞれにnot演算子を追加してやればよいのです。このときの各部の状態を表にして示したのが図下です。

VHDL記述中に( )を用いていますが、これは数学の時のきまりと同様に、( )の中の演算を先に処理するということを示しています。つまり、まずSW1入力に対してnot演算を行い、同様にSW2入力に対してもnot演算を行い、そのつぎに両者をand演算し、さらにその結果にnot演算を行います。

以上をもとに、回路の空白部分を埋めて表すと、**図11**のようになります。VHDL記述は、

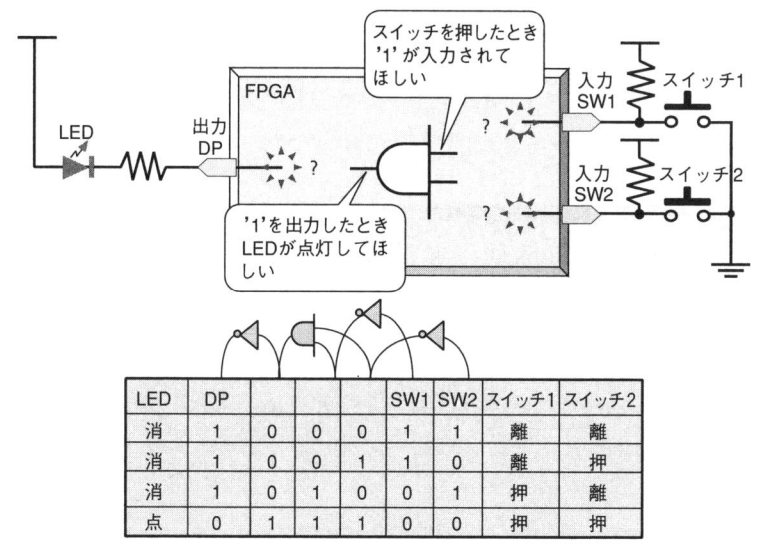

LED	DP				SW1	SW2	スイッチ1	スイッチ2
消	1	0	0	0	1	1	離	離
消	1	0	0	1	1	0	離	押
消	1	0	1	0	0	1	押	離
点	0	1	1	1	0	0	押	押

図10 入力と出力の論理を反転させる

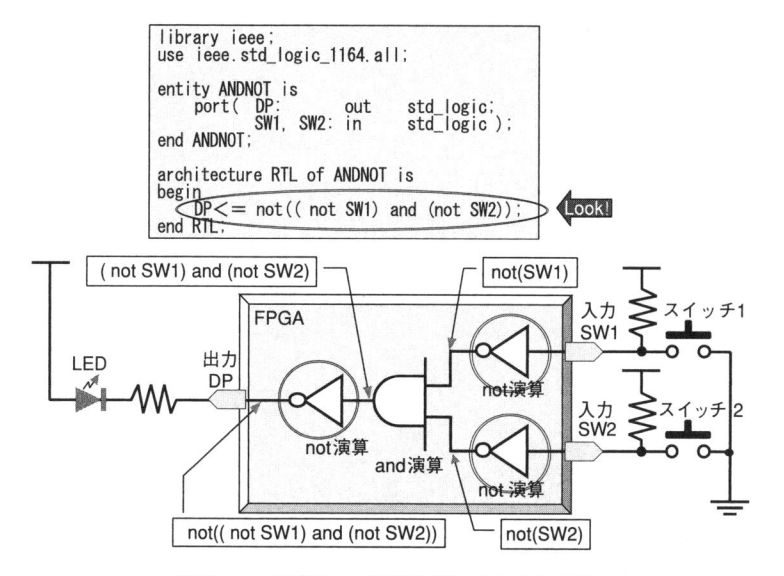

```
library ieee;
use ieee.std_logic_1164.all;

entity ANDNOT is
    port( DP:       out  std_logic;
          SW1, SW2: in   std_logic );
end ANDNOT;

architecture RTL of ANDNOT is
begin
    DP <= not(( not SW1) and (not SW2));
end RTL;
```

図11 and演算とnot演算を組み合わせた回路

DP＜＝not（(not SW1） and （not SW2)）；

のようになります。ここで、このようにすることにより、実際には「スイッチを押したとき'0'」となる回路構成となっていたとしても、FPGAデバイスの入り口部分においてnot演算を挿入することによって、それ以降の回路設計上は「スイッチを押したとき'1'」となるものとして考えることができます。

真理値表から回路を作る

(1) 真理値表とは

ディジタル回路の入力と出力の関係を表形式で表したものを真理値表と呼んでいます。真理値表では、表の左半分を用いて入力の取り得るすべての値の組み合わせを列挙し、表の右半分にはそれぞれのケースの出力値を示します。

図12の3入力and回路の例では、入力が3つ（A、B、C）あるので、全部で8通りのケースがあり、それぞれに対する出力値を、表にして示したものです。したがって、この真理値表は、3入力and回路のあらゆる動作を表していることになります。

一方、希望する回路の動作を、真理値表として表現することができれば、その真理値表から希望する回路を生成することができます。

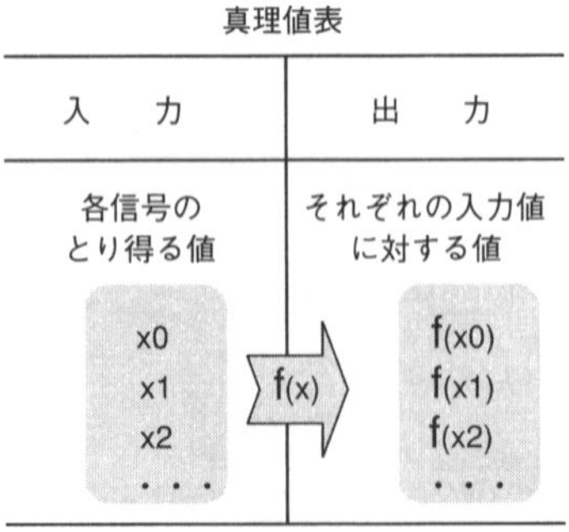

(例) 3入力and回路

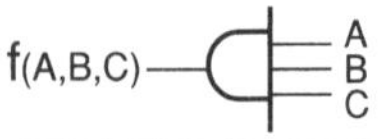

入力 A	B	C	出力 f(A,B,C)
0	0	0	0
0	0	1	0
0	1	0	0
0	1	1	0
1	0	0	0
1	0	1	0
1	1	0	0
1	1	1	1

図12　真理値表とは

(2) 2入力XOR回路を真理値表から作る

図13上に示したのは、2入力XORの真理値表です。VHDLには、xor演算子がありますが、この真理値表を基にして、等価な動作をする論理記述、および等価回路、そしてVHDL記述を作ってみることにしましょう。

まず、真理値表で着目するのは、出力が'1'となっているケースです。図13では、2カ所が該当しています。そして、それぞれのケースを、個々に論理式で表現します。論理式の書き方は、左辺（＝の左側）に出力信号名を書き、右辺（＝の右側）に入力信号をand演算子（論理記号・）でつないで表します。このとき、'0'の値を持つ入力には入力信号名の上にバーを書きます。

つぎに、書き上がったそれぞれのケースの論理式を、or演算子（論理記号＋）でつなぎ合わせれば、等価な動作をする論理記述ができあがります。必要に応じて、回路の圧縮などを行えば、さらによい回路にすることができます。

論理式ができあがれば、それをVHDL記述に書き換えるのは簡単です。バーはnot演算子、・はand演算子、＋はor演算子でそれぞれ置き換えれば完成です。ちなみに、回路も示しますので、できあがり論理式やVHDL記述と対象させて、理解を深めてください。

2入力XORの真理値表

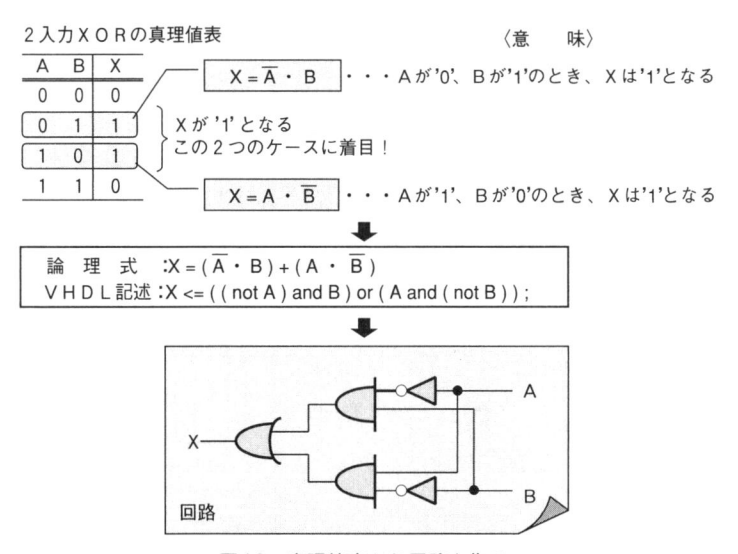

A	B	X
0	0	0
0	1	1
1	0	1
1	1	0

〈意　味〉

$X = \overline{A} \cdot B$ ・・・Aが'0'、Bが'1'のとき、Xは'1'となる

Xが'1'となるこの2つのケースに着目！

$X = A \cdot \overline{B}$ ・・・Aが'1'、Bが'0'のとき、Xは'1'となる

論　理　式： $X = (\overline{A} \cdot B) + (A \cdot \overline{B})$
VHDL記述：X <= ((not A) and B) or (A and (not B));

回路

図13　真理値表から回路を作る

3. 7セグメントLEDに数字を表示させる

ストップウォッチで数字を表す場合に必須となる7セグメントLEDの点灯のさせ方について説明します。また、VHDLで配線を表すデータ型であるstd_logicとstd_logic_vecterの使い方について紹介しています。

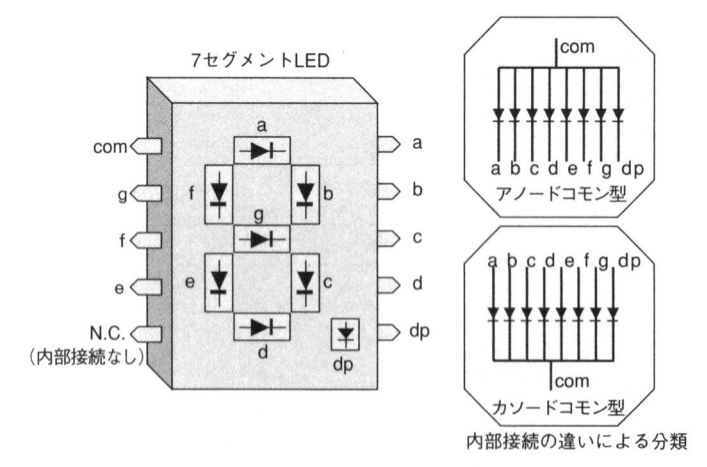

セグメントLEDの構造

7セグメントLEDには、実は8個のLEDが入っていて、8個のセグメントにそれぞれ配置されています。多く場合、そのうちの7つのセグメント（a〜g）を用いて、数字やいくつかの英文字を表すの使用されることから、7セグメントLEDと呼ばれています。また、dpは小数点：dot pointのことで、これも1つのセグメントになっています（図14参照）。

8個のLEDは、それぞれが完全に独立して配置されているのではなく、引出線（7セグメントLEDモジュールのピン）を少なく抑えるために、モジ

図14　7セグメントLEDの構造

ュール内部でいくつかの引出線が共通になっているのが一般的です。その場合、ダイオードのアノード側を共通とするか、カソード側を共通とするかによって、2種類に分けることができます。それぞれ、アノードコモン型、カソードコモン型などと呼んでいます。

セグメントをまとめて扱う

ディジタル回路の配線には、1本の配線の他に、バス（bus）と呼ばれる配線の束があります。VHDLにも、以下のように両者の記述の仕方がデータ型として用意されています。

　　1本の配線の場合：std_logic
　　配線の束の場合　：std_logic_vector（　）

また、1本の配線へ1個の論理値を与えるには、これまでにも紹介してい

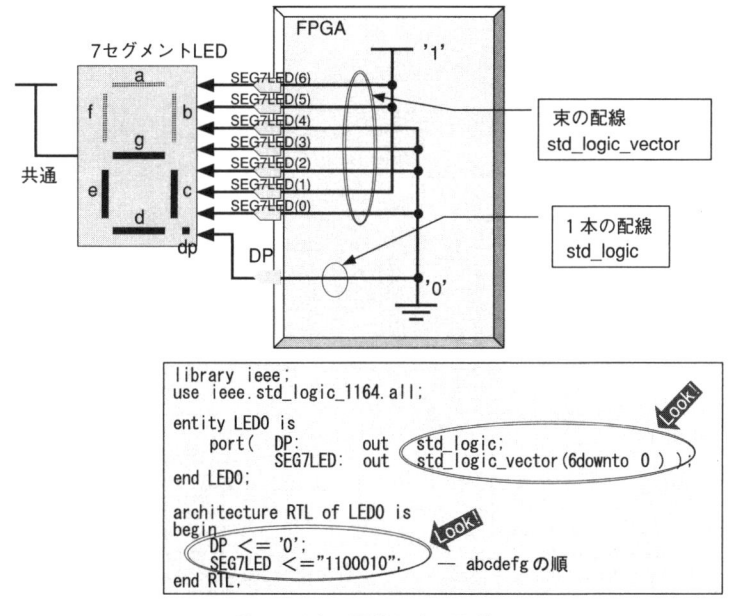

```
library ieee;
use ieee.std_logic_1164.all;
entity LED0 is
    port( DP:      out  std_logic;
          SEG7LED: out  std_logic_vector(6 downto 0) );
end LED0;

architecture RTL of LED0 is
begin
    DP <= '0';
    SEG7LED <= "1100010";   -- abcdefgの順
end RTL;
```

図15　1本の配線と束の配線

るとおり、'(シングルクォート)で値を挟んで表しますが、配線の束に対して相当する本数分の論理値を一度に与える場合には、"(ダブルクォート)で値の並びを挟んで表します。

図15では、7セグメントLEDの7つのセグメントに対しては、7本の配線の束として扱い、小数点を意味するdp(dot point)は、1本の配線として分けて扱っています。こうすることによって、両者へのデータの与え方を、わかりやすく表現できることになります。

図に示した7セグメントLEDは、アノードコモン型のため、'0'に対応したセグメントが点灯することになるので、cdegの各セグメントとdpセグメントが点灯し、図のように0(数字のゼロ)またはo(英小文字のオー)のような表示となります。

セグメントを個別に扱う

もちろん、std_logic_vector( )を用いて配線を束にして扱うことにした場合

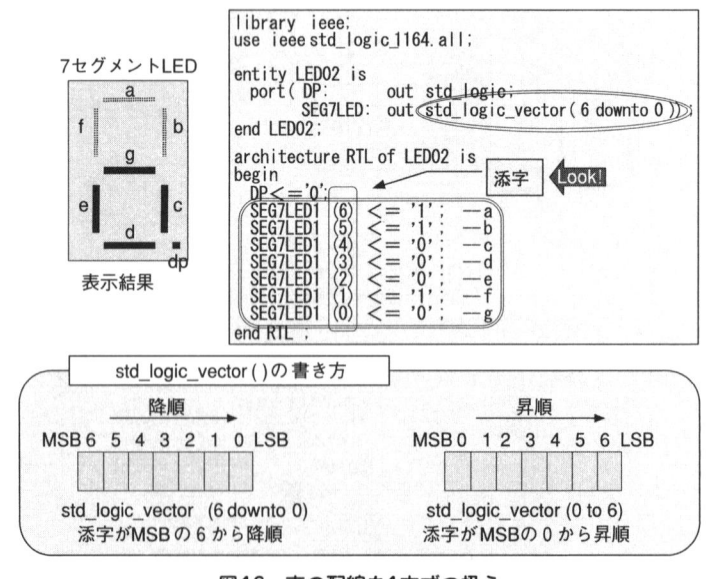

図16 束の配線を1本ずつ扱う

でも、**図16**のように1本ずつ個別に値の設定を行うことが可能です。この場合には、配線の束の中の何番目の配線なのかを、添字によって指定します。この添字の付け方には2種類あり、データ型の宣言の仕方によって決まります。

それは、配線の束のMSB（最上位ビット）からLSB（最下位ビット）へ向かって、降順にするか、昇順にするかです。これは、std_logic_vector ()によって、配線の束を宣言する場合の()の中の書き方に依存します。降順にしたい場合にはdownto、昇順にしたい場合にはtoを用いて行います。

一般的に、downtoの方が多く用いられているようです。これは、マイコン回路などにおけるバスの添字の付け方からの影響ではないかと思われます。使用目的に合わせて、自由に選択することができます。

セグメントLEDの表示を変える

今度は、スイッチ入力と7セグメントLEDを組み合わせた回路を考えてみましょう。スイッチの状態（ONかOFFか）によって、7セグメントLED

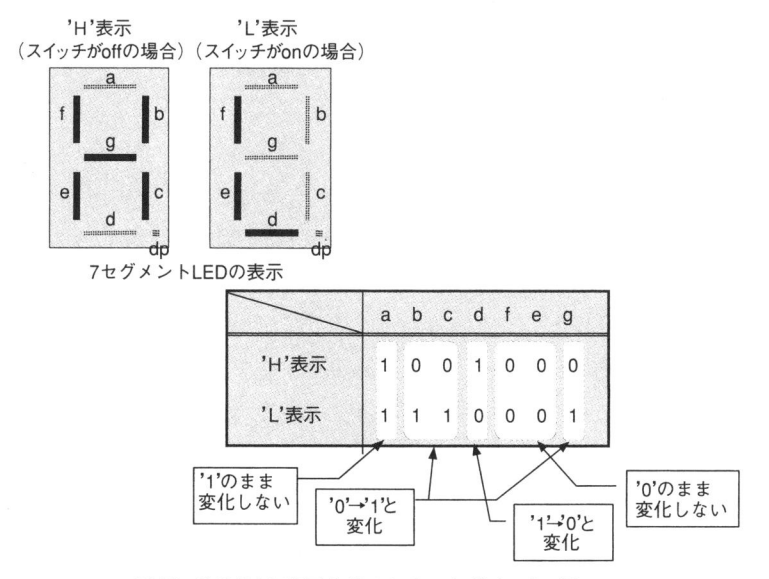

図17　'H' 'L'を表示させるためのセグメントパターン

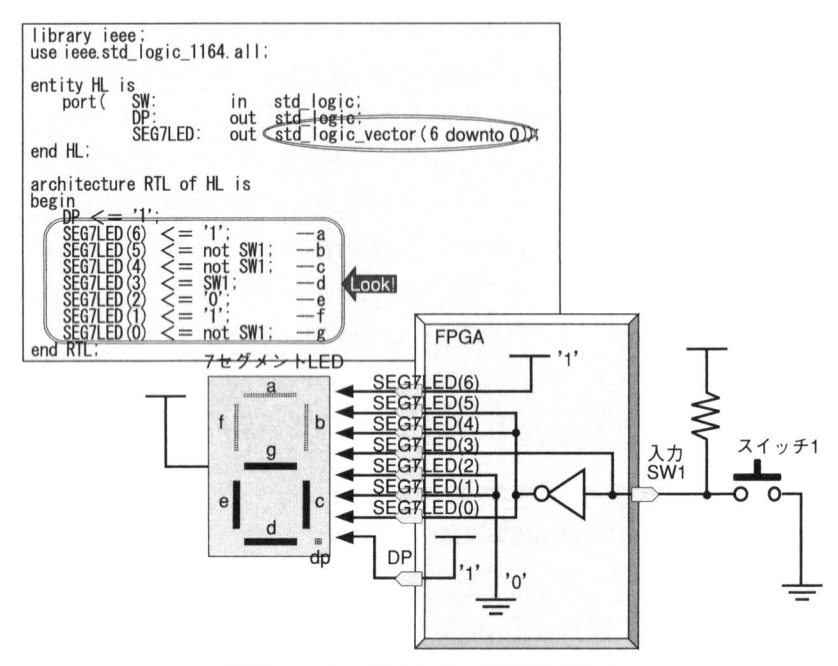

```
library ieee;
use ieee.std_logic_1164.all;

entity HL is
    port(   SW:     in  std_logic;
            DP:     out std_logic;
            SEG7LED: out std_logic_vector(6 downto 0));
end HL;

architecture RTL of HL is
begin
    DP <= '1';
    SEG7LED(6) <= '1';          --a
    SEG7LED(5) <= not SW1;      --b
    SEG7LED(4) <= not SW1;      --c
    SEG7LED(3) <= SW1;          --d
    SEG7LED(2) <= '0';          --e
    SEG7LED(1) <= '1';          --f
    SEG7LED(0) <= not SW1;      --g
end RTL;
```

図18　スイッチ入力に従って表示を変える

のパターン表示を 'L' または 'H' に変化させるには、いくつかの方法が考えられます。

たとえば、'L' と 'H' を表示させるときの各セグメントへ出力するデータを比較してみると、'0' のまま変化しない、'1' のまま変化しない、'0' → '1' と変化する、'1' → '0' と変化するの4種類に分けられます（図17参照）。

そこで、変化しないセグメントについては、それぞれの値を固定的に出力するようにすればよいでしょう。また、変化するセグメントについては、スイッチ入力の値をそのまま、またはnot演算子を用いて反転させた値を、それぞれ出力すればよいでしょう。以上のように考えて作った回路は、図18のようになります。

VHDL記述では、std_logic_vector()の添字を使用して、各セグメントごとに該当する値を出力するようにしています。

4. 組み合わせ回路のまとめ

　VHDL記述について、少し慣れてきたところで、これまでのまとめを兼ねて、同時処理文による条件判断処理の構文と、それらを用いた組み合わせ回路の記述例を紹介します。

組み合わせ回路とは

　これまで紹介してきました回路の動作は、どれも真理値表によって表すことができました。このように、入力の値が定まれば、その時の出力の値が確定するような回路のことを"組み合わせ回路"と呼んでいます（**図19**参照）。細かくいえば、それぞれの入力が変化してから、新しい出力が決定するまでには、若干の遅延時間が発生しますが、この時間はきわめて短いものです。というより、この遅延時間をいかに短くできるかが、より速く動

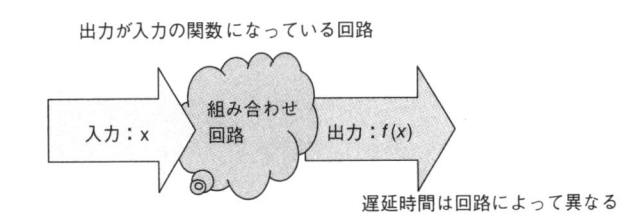

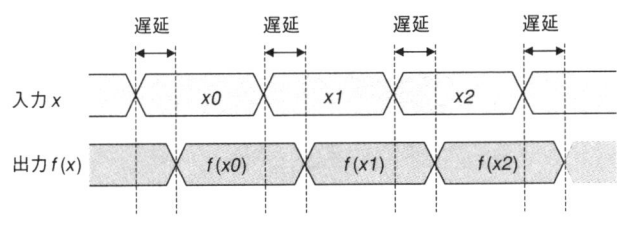

図19　組み合わせ回路とは

作する組み合わせ回路を設計するポイントとなります。

VHDLでは、このような組み合わせ回路を記述するために、いくつかの同時処理文が用意されています。その中には、条件判断処理を行うことができるものもあります。本書では、それらを「構文」と呼ぶことにしました。これらを用いることにより、組み合わせ回路が記述しやすくなります。以下、順に紹介しましょう。

同時処理文の種類

VHDLにおいて、回路の動作に関する記述はarchitecture部で行っています。ここで、1つの処理の記述は、；(セミコロン) で終わることはすでに紹介したとおりです。また、複数の処理の記述があった場合に、それらは独立して動作することになります。このような動作をさせるための記述のことを、同時処理文 (コンカレント・ステートメント) と呼びます。

論理演算を用いた同時処理代入文 (図20①) については、これまでに何度も使用してきました。

同時処理文には、条件判断を行うための構文が2種類 (図20②③) 用意さ

```
① and、or、xor、not などの論理演算子を用いた　同時処理代入文
  【例】 Q <= R or T;
       Q <= ((R or T) and not(G xor H));

② when else 構文 （条件付き信号代入文）
  【例】 Q <= '0' when CLR = '0' else
            '1' when SET = '1' else
            'X';

③ with select when 構文 （選択信号代入文）
  【例】 with CON select
         Q <= A when "00",
              B when "01",
              C when "10",
              D when "11",
              E when others;

④ port map などのインスタンシエーション （配置）
```

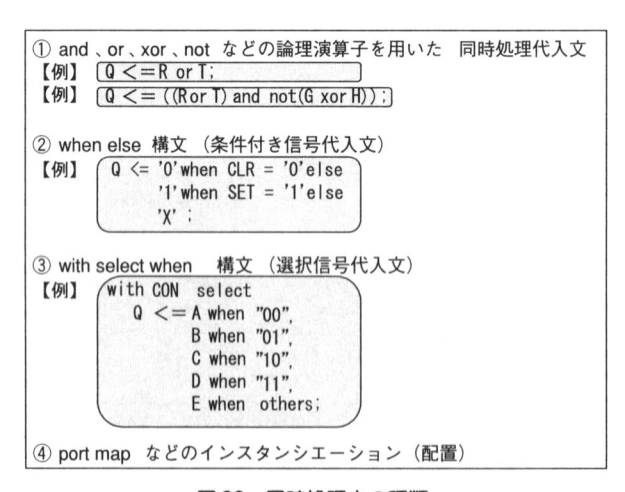

図20　同時処理文の種類

れています。論理演算を駆使することによっても、簡単な条件判断であれば記述できないことはありませんが、条件処理の構文を用いることによって、処理内容をわかりやすく記述することができます。

まず1つ目のwhen else構文は、二者択一の条件式が1つまたは複数ある場合に、そして2つ目のwith select when構文は、複数の選択肢の中から1つを選ぶ処理に適しています。この2つの構文については、この後に順に説明していきます。

最後の④port map文については、Step3の第4節「2桁に改造する」で階層設計を紹介する際に説明します。

when else 構文

(1) 使用法

条件判断を行う同時処理文の1つ目として、when else構文（条件付き信号代入文）があります。これは、ある条件が成立するかどうかによって、2つある値のどちらか一方の値を選択して代入する、というような処理を記述するときに用います。いわゆる、二者択一を行う場合です。

基本的な使用法としては、

　　出力＜＝成立時の値　when　条件式　else　不成立時の値；

となります。この応用として、複数の条件式があって、優先順位の高い条件式から処理を行っていき、不成立の場合には順に優先順位の低い別の条件式によって処理を行わせることが可能です。しかし、これは考え方であって、実際の回路においては一度に処理されますので、時間差は生じません。この応用的な記述は、以下のように行います。

　　　　出力＜＝成立時の値　when　条件式1　else
　　　　　　　　成立時の値　when　条件式2　else
　　　　　　　　　…………
　　　　　　　　不成立時の値；

この記述において、条件式間の優先順位は、最初の条件式が一番高く、以下順に低くなります。

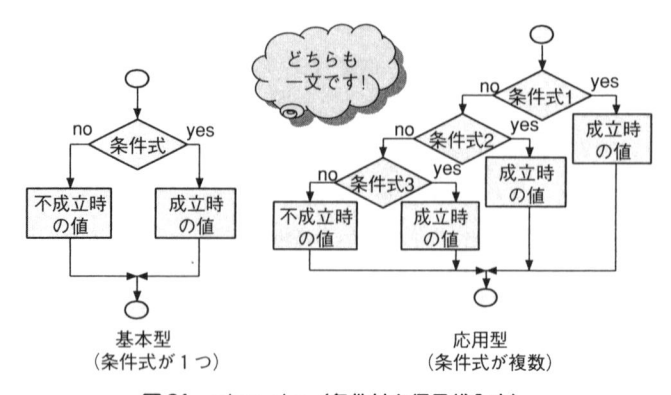

図21 when else（条件付き信号代入文）

　文の長さはだいぶ違いますが、どちらのwhen else構文も1つの文です（**図21**参照）。その証拠に、文の終わりを示す；（セミコロン）は、どちらも最後に1つしかありません。このように、同時処理文は、どれもが1文であり、複数の同時処理文はそれぞれが独立して並行して動作することになります。つまり、同時処理文は、それぞれが1個ずつが独立した回路なのです。このことは、VHDLがプログラミング言語などと異なり、ハードウェア記述言語であることを特徴づける部分といえるでしょう。

(2) 2to1セレクタの記述例

　それでは、when else構文を用いたVHDL記述例を紹介しましょう。選択信号SELの値によって、2つの入力信号A、Bのどちらかを選択して出力するような回路を、"2to1セレクタ"と呼びます。この回路は、when else構文を用いて記述する典型的な例といえるでしょう。

　つまり、SELの値が'1'か'0'かによって、AをDに接続するか、BをDに接続するかを切り替える回路です。まさに二者択一の回路なので、基本型となります。したがって、条件式をS='1'とすると、成立した時にAを、不成立の時にはBを選択することになります。VHDL記述は、**図22**に示すとおりです。S='0'を条件とすることも可能です。

　この程度の条件判断処理であれば、論理演算子を用いて、以下のように

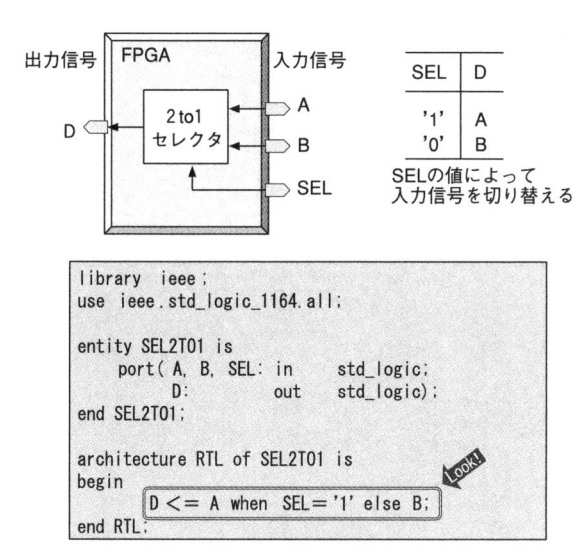

```
library ieee;
use ieee.std_logic_1164.all;

entity SEL2TO1 is
    port( A, B, SEL: in    std_logic;
          D:         out   std_logic);
end SEL2TO1;

architecture RTL of SEL2TO1 is
begin
    D <= A when SEL = '1' else B;
end RTL;
```

図22 when else構文を用いた2to1セレクタ

記述することができます。

　D <= (A and SEL) or (B and (not SEL));
あなたなら、どちらの記述の方がわかりやすいと思いますか?

(3) 7セグメントLEDの表示を変える

7セグメントLEDの表示切り替えに関しては、すでに「7セグメントLEDの表示を変える」にて、1つの回路例を紹介してありますが、ここではwhen else構文を用いた2to1セレクタとして、同じ動作をする回路を作ってみることにしましょう。

7セグメントLEDに'H'または'L'を表示させるために、各セグメントへ与えるデータを、それぞれバス形式で用意しておき、スイッチを押したとき (SW = '0') には'L'を表示させるデータを選択し、スイッチが押されていないとき (SW = '1') には'H'を表示させるデータを選択するようにします。具体的なVHDL記述例としては、**図23**のようになります。

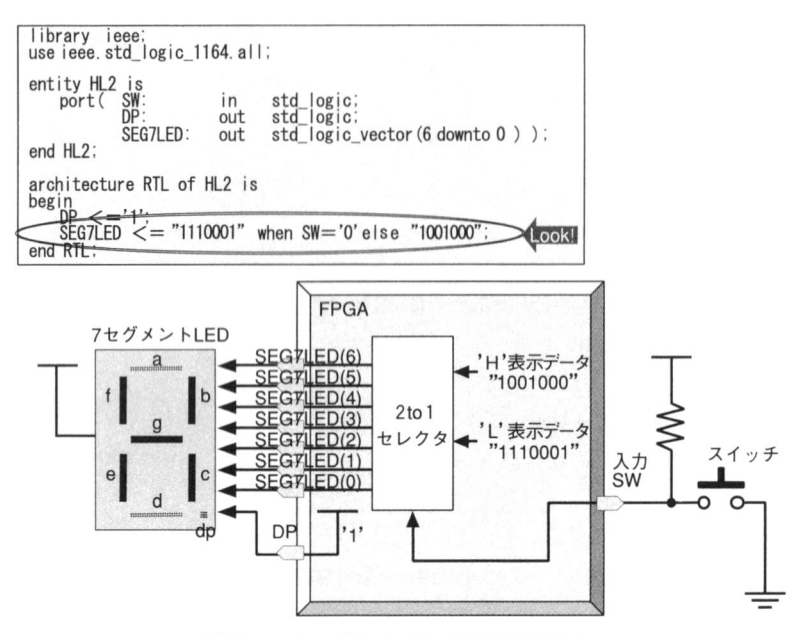

```
library ieee;
use ieee.std_logic_1164.all;
entity HL2 is
    port(   SW:         in      std_logic;
            DP:         out     std_logic;
            SEG7LED:    out     std_logic_vector(6 downto 0 ) );
end HL2;

architecture RTL of HL2 is
begin
    DP <= '1';
    SEG7LED <= "1110001" when SW='0' else "1001000";    Look!
end RTL;
```

図23 スイッチ入力に従って表示を変える

(4) 4to1 セレクタの記述例

when else構文の応用型を用いて、4つの入力A、B、C、Dの中から1つだけを選んで出力Xへ接続する回路を記述してみましょう。このような動作をする回路のことを"4to1セレクタ"と呼びます。

この回路を記述する場合、4つの入力から選択するのですから、それぞれに選択条件式が必要となるように思われますが、when else構文を用いた場合には、3つの条件式と「その他どの条件式にも当てはまらなかった場合」の計4つの分岐として表します。ここでは、2ビットのstd_logic_vector()型の選択信号を用い、その選択信号の取り得る4つのパターンのうち、

　　"00"　"01"　"10"

と「その他」という扱いにしました。そして、個々の選択信号のパターンに対し、それぞれに対応付けられた入力信号を選択するようにします。

VHDLによる記述例としては、図24のようになります。ここで、whenelseキーワードが3回登場していますが、それらを全部まとめて1つのwhen

```
                    FPGA                           真理値表
出力信号                    入力信号
              ┌─────────┐    ▷ A          SEL   X
              │         │    ▷ B
       X ◁────│  4 to 1 │    ▷ C          "00"   A
              │ セレクタ│    ▷ D          "01"   B
              │         │                  "10"   C
              └─────────┘    ▷ SEL(1)     "11"   D
                             ▷ SEL(0)
```

```
library ieee;
use ieee.std_logic_1164.all;

entity SEL4TO1 is
    port( A, B, C, D:  in   std_logic;
          SEL:         in   std_logic_vector(1 downto 0);
          X:           out  std_logic );
end SEL4TO1;

architecture RTL of SEL4TO1 is
begin
    X <= A when SEL = "00" else        ←Look!
         B when SEL = "01" else
         C when SEL = "10" else
         D;
end RTL;
```

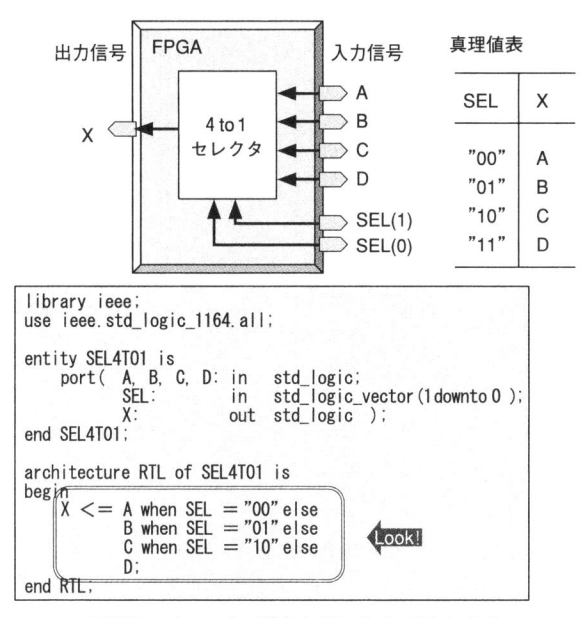

図24 when else構文を用いた4to1セレクタ

else構文となるため、文の終わりを示す；(セミコロン) は最後に1つだけとなっているところに注意してください。

また、3つのwhen elseの処理は、順に判断されるのではなく、1度に処理する回路として生成されます。VHDL記述をみた印象としては、3段階に分かれて順に処理が進むように思われますが、これらの処理に時間差はありません。

(5) エンコーダの記述例

3つの入力H、M、Lがあり、そのうちのどれか1つだけが'1'になるとした場合、どの入力が'1'となったのかによって、真理値表に示したような値をWへ出力する回路を考えてみましょう (**図25**)。

H、M、Lのすべてが'0'または2つ以上の'1'が含まれていた場合などには「その他」として扱い、"00"を出力することにします。

このように、入力信号を、対応する符号 (この場合は2進数) に変換する

図25　2進数エンコーダ

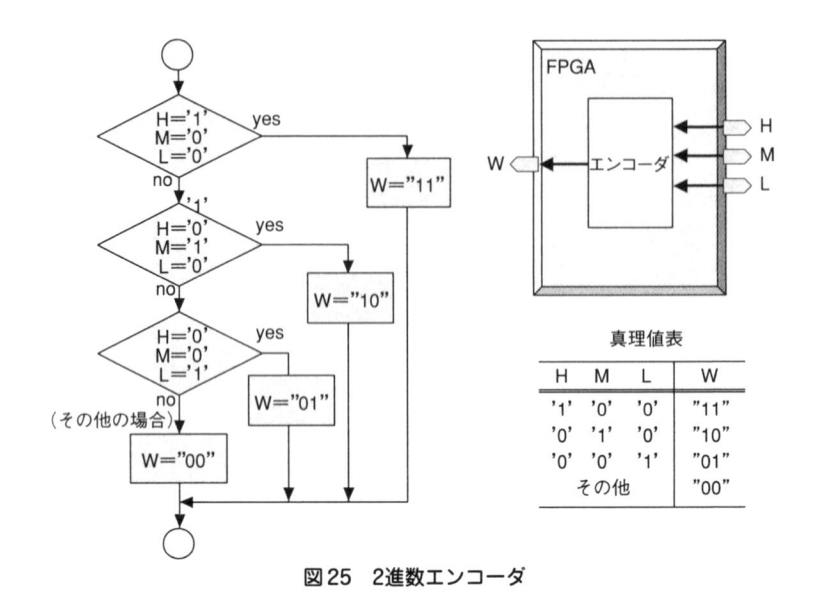

ような回路を「エンコーダ（符号化回路）」と呼びます。ちなみに、この逆の変換を行う回路のことを「デコーダ（復号化回路）」と呼びます。

　ここでの入力H、M、Lが、どれもstd_logic型のため、条件式としてはそれぞれ個別の条件式とし、その結果をand演算子を用いて「3つの条件式がすべて同時に成立する場合」として記述します（図26（上））。

　また、H、M、Lを信号線の束（バス）としてしまうことも可能です。その場合には、std_logic_vector () 型のsignalを用意しておき、そこへH、M、Lを&（連結）演算子を用いて連結したものを代入して選択信号とします。その場合の、VHDL記述例は（図26（下））のようになります。

　ここで、signalとは、architecture部の回路記述において、配線の中継点を意味します。signalは、architecture部の先頭に置いて、beginとの間で

　　signal　識別子：データ型；

のように宣言します。entity部におけるport文による入出力ポートの宣言と比べると、入出力の方向を指定する部分（データのタイプ指定）が抜けています。

```
library ieee;
use ieee.std_logic_1164.all;

entity ECD1 is
    port( H,M,L: in    std_logic;
          W:     out   std_logic_vector(1 downto 0 ));
end ECD1;

architecture RTL of ECD1 is
begin
    W <= "11" when (H = '1' and  M = '0' and L = '0')  else
         "10" when (H = '0' and  M = '1' and L = '0')  else
         "01" when (H = '0' and  M = '0' and L = '1')  else
         "00";
end RTL;
```
Look!　複数の選択条件を並べる記述例

```
library ieee;
use ieee.std_logic_1164.all;

entity ECD2 is
    port( H,M,L: in    std_logic;
          W:     out   std_logic_vector(1 downto 0 ));
end ECD2;

architecture RTL of ECD2 is
    signal  HML: std_logic_vector(2 downto 0);
begin
    HML <= H & M & L;  Look!
    W <= "11" when  HML = "100"  else
         "10" when  HML = "010"  else
         "01" when  HML = "001"  else
         "00";
end RTL;
```
複数の選択信号を＆演算子でまとめてしまう記述例

図26　when else構文の条件式の書き方

　というわけで、signalは中継点ですので、データが入出力できるのは当然ですが、宣言したarchitecture部の内部のみ有効で、ポートのようにコンポーネントの外部とのデータのやりとりはできません。

　値の代入には、＜＝演算子を用います。

(6) プライオリティ・エンコーダの記述例

　さて、when else構文の条件式が複数個存在した場合には、条件式の処理順には優先順位がついていたことを思い出してください。ここでは、その優先順位を有効に活用した回路例を紹介します。

　H、M、Lの3つの選択信号があって、対応する値を選択することは、前の例と同じなのですが、H＞M＞Lの順に優先順位がついていた場合には、どうなのでしょうか？　その場合には、**図27**の真理値表に示すような分類によって、出力Wの値が決まることになります。このように、入力信号に

65

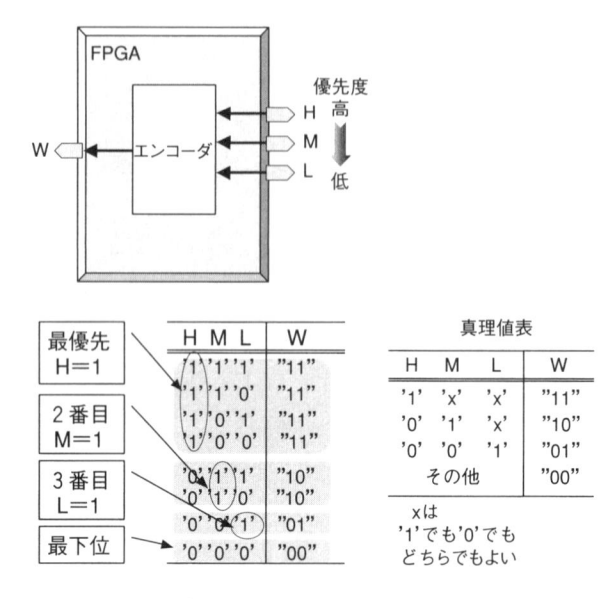

図27 プライオリティ・エンコーダ

優先順位のあるエンコーダのことを、プライオリティ・エンコーダと呼びます。

最優先順位のHが'1'の場合には、Wへ"11"が出力されます。そのとき、もはやMやLの値は何でもよいことになります。ところが、2番目の優先順位を持つMの'1'が有効となってWへ"10"が出力されるのは、Hが'0'の場合に限られています。ただし、この場合においても、より優先順位の低いLの値は何であっても関係ありません。

さらに、Lの'1'が有効になってWへ"01"が出力されるのは、HとMがともに'0'となっている場合に限られます。

このように、H、M、Lを個別に用いて条件式を作った場合、その記述順に従って優先順位がつくことになり、上記したような限定条件（**図28**のコメント参照）が自動的につくことになります。このことは、この例のように、有効に働く場合と、うっかりミスで希望しない動作に悩まされることになる場合とに、分かれることでしょう。

```
library ieee;
use ieee.std_logic_1164.all;

entity PRTY is
    port( H, M, L:  in    std_logic;
          W:         out   std_logic_vecter(1 downto 0));
end PRTY;

architecture RTL of PRTY is
begin
    W <= "11" when H = '1' else -- H = '1' の時
         "10" when M = '1' else -- H = '0' and M = '1' の時
         "01" when L = '1' else -- H = '0' and M = '0' and L = '1' の時
         "00";                  -- その他
end RTL;
```

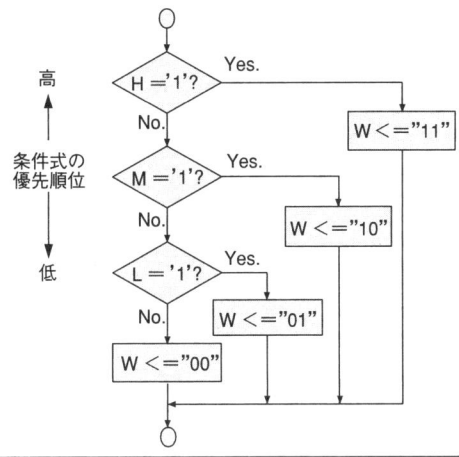

図28 プライオリティ・エンコーダのVHDL記述例

with select when 構文

(1) 使い方

同時処理文のもう1つの条件判断を行う構文として、with select when 構文（選択信号代入文）があります。これは、ある選択式を評価して、複数の選択項目の中から一致するものを1つだけ選択し、それに対応する値を代入するような処理の記述を行うのに適しています（図29）。

基本的な使用法としては、

　　with　選択式　select
　　　　出力<＝一致した時の値　when　選択項目1,

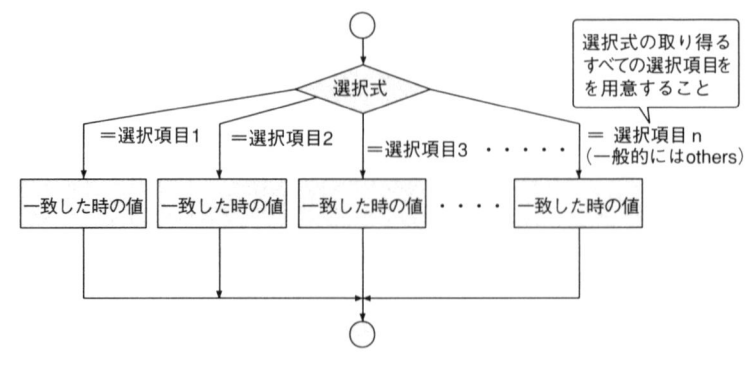

図29 with select when（選択信号代入文）

　　　　　　一致した時の値　when　選択項目2,
　　　　　　　　………………
　　　　　　一致した時の値　when　選択項目n；

となります。

　ここで注意しなければならないことは、選択式の取り得るすべてのケースを選択項目について列挙する必要があるということです。たとえば、std_logic型には、9タイプ（'U'、'X'、'0'、'1'、'Z'、'w'、'L'、'H'、'_'）あったことを思い出してください。実際には使用しなくとも、それらすべての組み合わせによる選択項目を列挙するとなると、相当な数になります。そのため、通常は選択項目の最後にothersキーワードを使用して、「残りすべての値」を代表させることにしています。

　もう1つ注意する点として、各選択項目の後には、（カンマ）を付けることです。そして、この構文も1つの文のため、；（セミコロン）は最後の選択項目（通常はothers）の後にのみつけることになります。

（2）2to1セレクタの記述例

　すでにwhen else構文を用いた2to1セレクタの記述例を紹介してありますが、with select when構文を用いても、同じ機能を持った回路を表すことが可能です。ただ、with select when構文の場合には、選択式に対する取り得

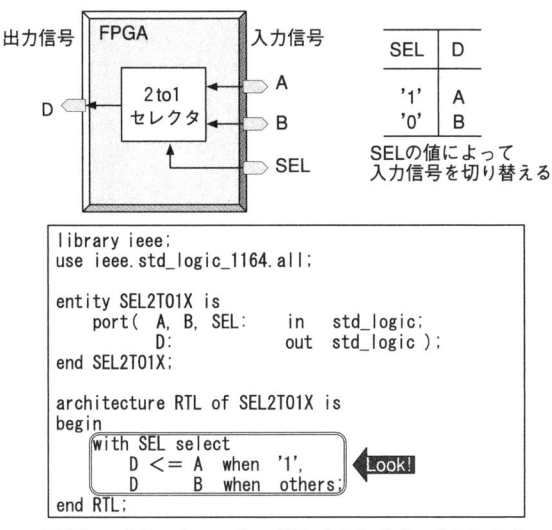

```
          ┌─────────────────────┐
  出力信号  │ FPGA                │  入力信号        ┌─────┬───┐
          │    ┌──────┐         │                │ SEL │ D │
      D ──┤────│ 2to1 │◄────────├── A            ├─────┼───┤
          │    │セレクタ│◄────────├── B            │ '1' │ A │
          │    └──────┘         │                │ '0' │ B │
          │        ▲            │                └─────┴───┘
          │        └────────────├── SEL           SELの値によって
          │                     │                 入力信号を切り替える
          └─────────────────────┘

  ┌──────────────────────────────────────────────┐
  │ library ieee;                                │
  │ use ieee.std_logic_1164.all;                 │
  │                                              │
  │ entity SEL2TO1X is                           │
  │     port( A, B, SEL:    in   std_logic;     │
  │           D:            out  std_logic );    │
  │ end SEL2TO1X;                                │
  │                                              │
  │ architecture RTL of SEL2TO1X is              │
  │ begin                                        │
  │   ┌──────────────────────────┐               │
  │   │ with SEL select          │               │
  │   │     D <= A  when '1',    │ ◄── Look!    │
  │   │          B  when others; │               │
  │   └──────────────────────────┘               │
  │ end RTL;                                     │
  └──────────────────────────────────────────────┘
```

図30 with select when構文を用いた2to1セレクタ

るすべての選択項目を列挙する必要があります。

　データ型がstd_logicの場合には、前記したようにそれぞれが9種の値を取り得ます。現実には、そのうちの'1'と'0'を用いるのがほとんどですが、with select when 構文を用いる場合には、9種を利用する前提で考えなければなりません。

　2to1セレクタの選択式には、選択信号SELを使用しますが、真理値表に示すとおり、SEL='1'の時A、SEL='0'のときBをそれぞれ選択すること以外は、何も選択する値が決まっていません。そこで、S='1'のときA、それ以外のときBを選択するように考えることにします。つまり、図30のVHDL記述のように、選択項目としては'1'とothersの2つにすると、with select when 構文が利用しやすくなります。

(3) 4to1セレクタの記述例

　4to1セレクタについても when select 構文によるVHDL記述例をすでに紹介してありますが、with select when 構文を用いた記述例についても紹介します。

```
entity SEL4T01 is
   port ( A, B, C, D:   in    std_logic;
          X :           out   std_logic;
          SEL:          in    std_logic_vector(1 downto 0 ));
end SEL4T01;

architecture RTL of SEL4T01 is
begin
   with SEL select
      X <= A when "00",
           B when "01",
           C when "10",
           D when others;
end RTL;
```

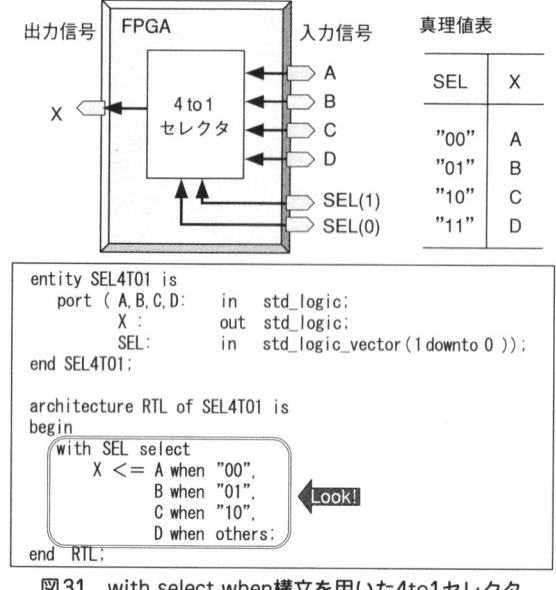

図31 with select when構文を用いた4to1セレクタ

　選択式に使用するSELは、2ビットのstd_logic型のため、選択項目としての取り得る組み合わせ数は、9のベキ乗＝81項目となります。しかし、4to1セレクタでは、真理値表に示すように4通りだけしか意味を持ちませんので、当然othertsキーワードを用いることになります。ところが、この例の場合にも「その他の値」のときに出力する値が決まっていませんので、便宜上SEL＝"11"の中に「その他の値」の場合も含めてしまうことにし、ともにDを出力することにしたのが、図31に示したVHDL記述例です。

(4) 7セグメントデコーダ
　ストップウォッチでは必須となる数字表示を行うための7セグメントLEDの制御回路について紹介します。7セグメントLEDを用いて、10進数1桁を表示させるためには、それぞれの数字に対応させて、7つのセグメントのどの部分を点灯させるのかのパターンデータに変換する必要があり、その変換を行う回路を「7セグメントデコーダ」と呼んでいます(図32)。
　10進数1桁は、4桁の2進数で表現できますので、入力信号DECは

std_logic_vecter（3 downto 0）とします。一方、7セグメントLEDには、dp（小数点）を含めて、8個のLEDが内蔵されていますので、出力信号SEG7LEDはstd_logic_vecter（7 downto 0）の8本としました。

ここで、入力信号DECと出力信号7SEGLEDの対応関係は、真理値表に示すようになります。dpは、一切使用していないので、'1'のまま変化し

真理値表

表示	DEC() 3210	SEG7LED() 76543210
0	0000	00000011
1	0001	10011111
2	0010	00100101
3	0011	00001101
4	0100	10011001
5	0101	01001001
6	0110	01000001
7	0111	00011011
8	1000	00000001
9	1001	00001001
―	その他	11111101

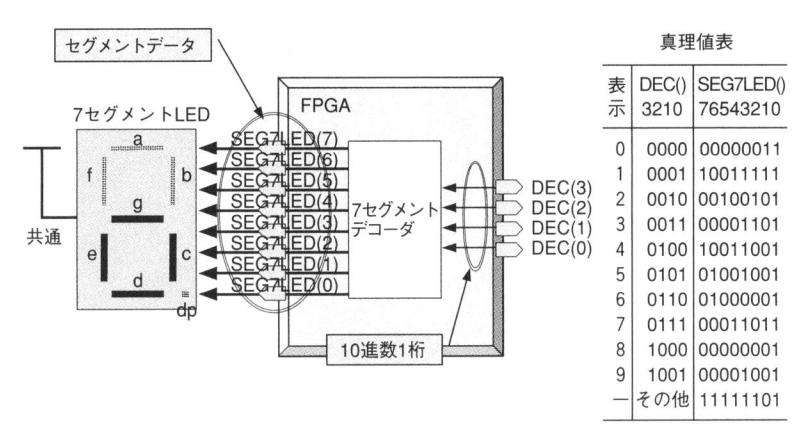

図32　7セグメントデコーダ

```
library ieee;
use ieee.std_logic_1164.all;

entity SEG7DEC is
    port( DEC    : in   std_logic_vector(3 downto 0 );
          SEG7LED : out  std_logic_vector(7 downto 0 ));
end SEG7DEC;

architecture RTL of SEG7DEC is
begin
    with DEC select
        SEG7LED <= "00000011" when "0000",
                   "10011111" when "0001",
                   "00100101" when "0010",
                   "00001101" when "0011",
                   "10011001" when "0100",
                   "01001001" when "0101",
                   "01000001" when "0110",
                   "00011011" when "0111",
                   "00000001" when "1000",
                   "00001001" when "1001",
                   "11111101" when others;
end RTL;
```

図33　7セグメントデコーダのVHDL記述例

ていません。

　以上の関係で入出力信号間の変換を行うために、with select when 構文を用いた VHDL 記述は、**図33**のようになります。この記述においては、「その他の値」の選択項目である others に対して、7 セグメント LED の g セグメントのみが点灯するようなパターンを設定してみました。その理由は、2 進数 4 桁では、10 進数の 0 から 15 までが表現できますが、今回の記述では使用していない 10 ～ 15 の範囲の入力があった場合を判定するためです。

　もちろん、std_logic 型の取り得る '1' と '0' 以外の値の組み合わせによって構成される選択項目についても others に含まれます。

Step3

ストップウォッチを作る II

（順序回路から）

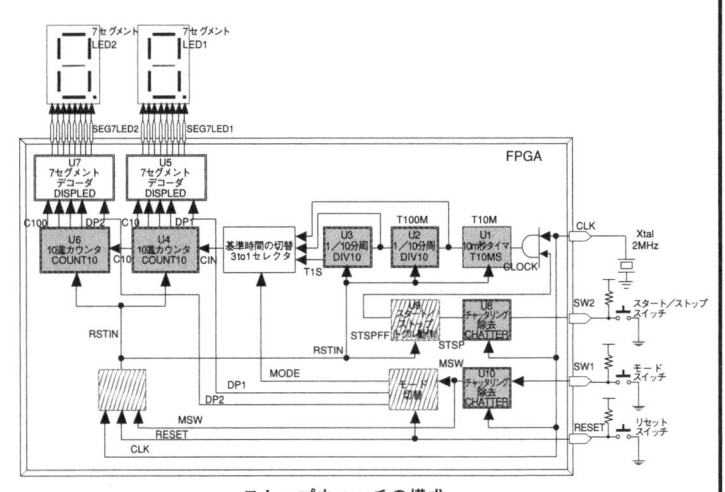

ストップウォッチの構成

1. 順序回路のまとめ

　順序回路の説明をする前から"順序回路のまとめ"などと少し変ですが、関連したVHDL記述の説明に入る前に、順序回路の説明をしておかないと話が進まないため、仕方なくこのような内容の順になってしまいました。
　VHDLの同時処理文では、すでに紹介したように組み合わせ回路を記述することができました。一方、これから説明することになる順次処理文では、組み合わせ回路と共に順序回路を記述することができます。
　順序回路と順次処理？　似たような言葉ですので、混同しないよう気をつけてください。

順序回路とは

　スイッチを押すたびに、LEDが点灯→消灯→点灯→消灯→…と、交互に状態を変化させるような動作をする回路を考えましょう。つまり、今LEDが点灯状態であるとした場合にスイッチが押されると、LEDは消灯します。再び、スイッチを押すと、今度はLEDが点灯します。このように、これまでのLEDの状態がどうであったかによって、つぎにLEDがどの状態に変化するかが決まる回路のことになります。
　このような回路のことを"順序回路"と呼んでいます。順序回路には、前回の出力の状態を保持しておくための記憶回路が必須となります（図1）。
　また、順序回路には、入力と共に出力を決定するためのタイミング信号があり、入力の値は出力を決定するタイミングより少し前（セットアップタイムという）までに安定した値として準備しておく必要があります。そのため、順序回路の出力が変化するのに要する遅延時間は、記憶回路の動作時間だけとなり、順序回路の動作の違いによらず一定となります。

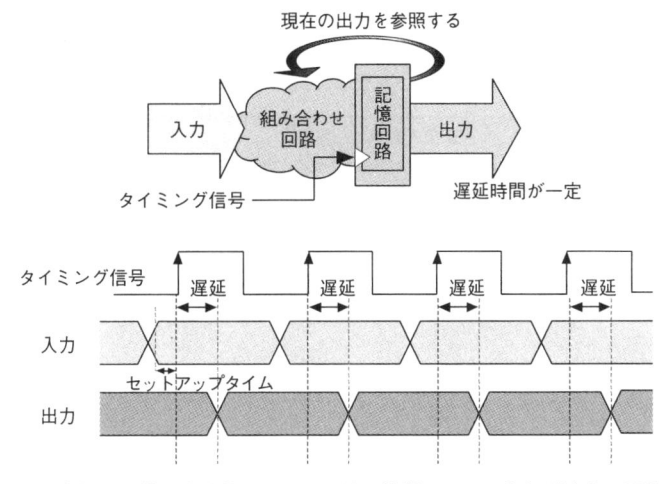

図1 内部に記憶回路を持っていて、その状態によって出力が決まる回路

順次処理文の種類

　これまでに紹介してきました同時処理文は、記述した順序に関係なく、それぞれが並行して同時に処理されます。それに対し順次処理文は、VHDLで記述した順に従って処理させたい回路を記述するために用います。

　この順次処理文を用いることにより、内部に記憶回路を持ち、その記憶回路の状態によって出力の値が決まる順序回路などのように、処理する順番が決まっている場合の記述を行うことが可能となります。

　順次処理文は、process文内でのみ使用可能なため、まずはprocess文の記述について知る必要があります。そして、process文の中でのみ使用できる条件判断を行うための構文として、if then else構文とcase when構文の2種類が用意されています。

　1つ目のif then else構文は、基本的に二者択一の条件判断を行うためのもので、すでに紹介してある同時処理文のwhen else構文に相当します。**図2**に示した記述例は、両者を対比しやすいように同じ処理内容としてあります。

　2つめのcase when構文は、複数の選択肢の中から1つを選ぶ処理用で、同時処理文のwith select when構文に相当します。図に示したこの記述例も、同

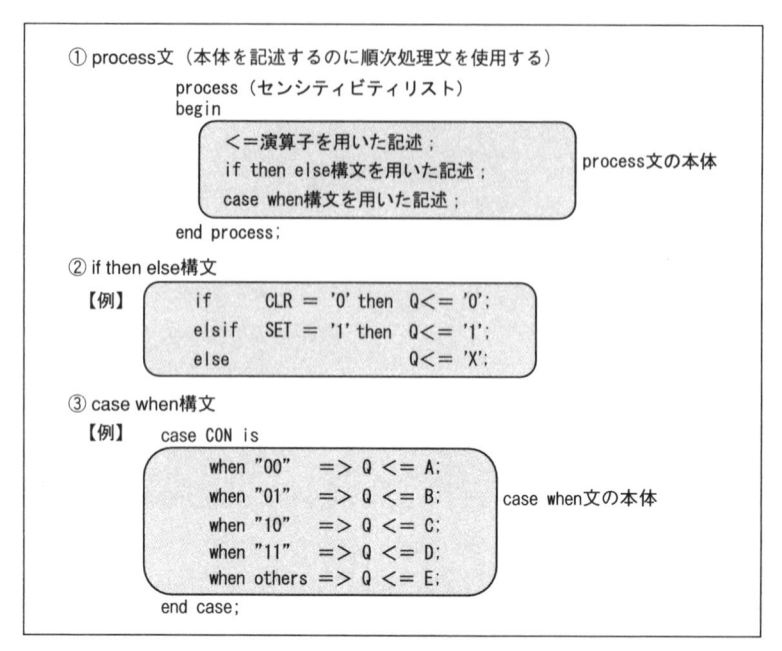

```
① process文（本体を記述するのに順次処理文を使用する）
        process（センシティビティリスト）
        begin
            <＝演算子を用いた記述；
            if then else構文を用いた記述；     process文の本体
            case when構文を用いた記述；
        end process；
② if then else構文
  【例】   if      CLR = '0' then  Q<= '0'；
           elsif   SET = '1' then  Q<= '1'；
           else                    Q<= 'X'；
③ case when構文
  【例】  case CON is
            when "00"    => Q <= A；
            when "01"    => Q <= B；    case when文の本体
            when "10"    => Q <= C；
            when "11"    => Q <= D；
            when others  => Q <= E；
          end case；
```

図2　順次処理文の種類

時処理文と同じ処理内容にしてありますので、比較参照してみてください。

process文

　architecture部内において、順次処理させたい処理ごとに分けて、それぞれのprocess文を用いて記述します。複数のprocess文があった場合、それぞれのprocessごとに独立して同時処理されます（図3）。 process文の内部（beginとend processの間）では、＜＝による代入処理、if then else構文、case when構文という順次処理文による記述のみが許されることになります。
　process文の使用法は、以下のようになります

```
process（センシティビティリスト）
begin
end process ;
```

```
Architecture RTL of PROCESSTEST is
begin
    process (センシティビティリスト)
    begin
        順次処理文を用いた記述；
    end process；

    process (センシティビティリスト)
    begin
        順次処理文を用いた記述；
    end process；

    process (センシティビティリスト)
    begin
        順次処理文を用いた記述；
    end process；
end RTL；
```

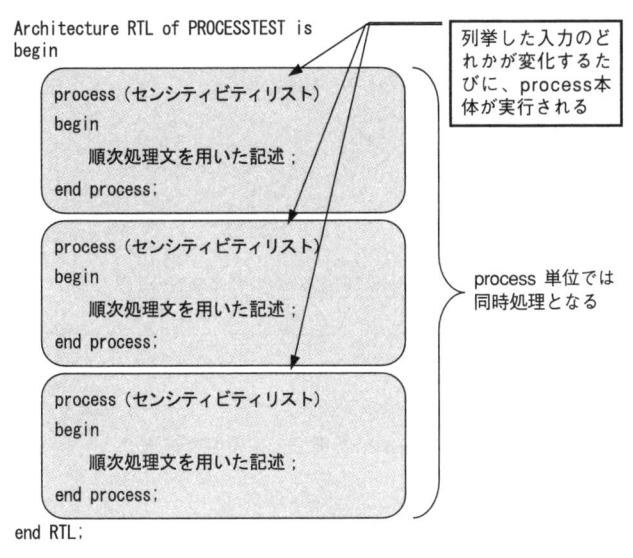

列挙した入力のどれかが変化するたびに、process本体が実行される

process単位では同時処理となる

図3　process文

　ここで、センシティビティリストには、このprocess文内の処理を起動させる入力信号を並べて書きます。このリストに書いた、それぞれの入力値が変化するごとに、process文内の順次処理文が実行され、end processまで処理を進めてきて実行が終了します。

if then else構文

(1) 使い方

　if then else構文は、二者択一の条件判断処理を記述するときに使用します。記述の基本型は、

```
if (条件式) then    条件成立時の処理；
else    条件不成立時の処理；
end  if ；
```

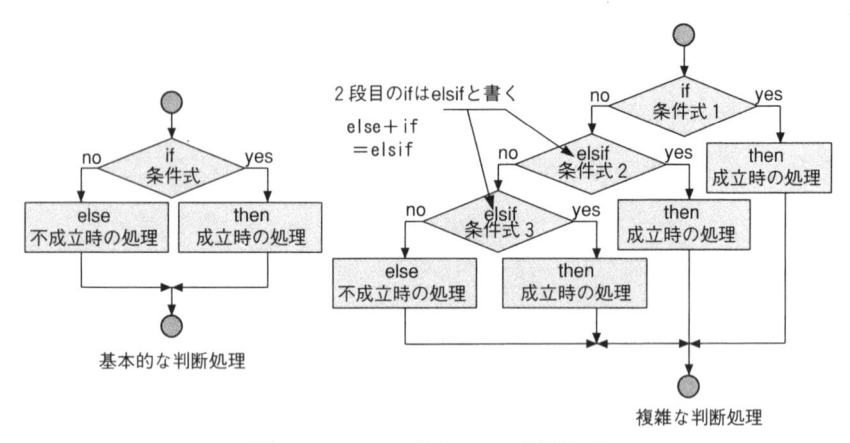

図4 if then else構文による判断処理

のような構文になります。

　条件が不成立の場合に対して、さらにif then else構文を用いて行い3分岐以上の判断処理を行うことも可能です（**図4**）。また、その時には、elseとifを合わせたelsif（eがなくなることに注意）というキーワードを使用します。

```
if（条件式1）then　　条件1成立時の処理；
elsif（条件式2）then　　条件1不成立で条件2成立時の処理；
elsif（条件式3）then　　条件1と条件2不成立で条件3成立時の処理；
else　　条件1、条件2、条件3共に不成立時の処理；
end　if；
```

　このように、if then else構文を何段も組み合わせて複雑な条件判断や分岐を行うことができます。そして最後にif then else構文が終了することを示すend ifで締めくくります。

（2）2to1セレクタの記述例

　if then else構文の記述の仕方を同時処理文のwhen else構文と対比して示すために、**図5**に示す2to1セレクタを取り上げて考えてみましょう。条件

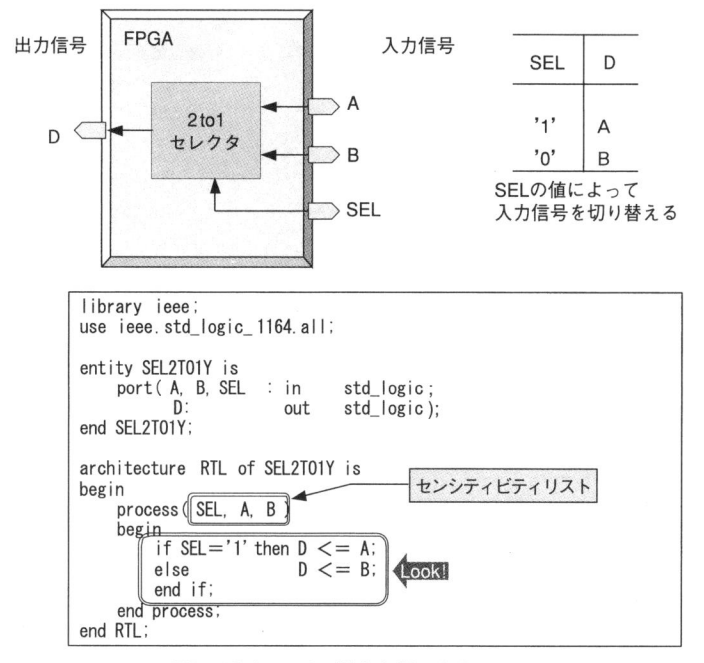

```
library ieee;
use ieee.std_logic_1164.all;

entity SEL2TO1Y is
    port( A, B, SEL  : in    std_logic;
          D:           out   std_logic );
end SEL2TO1Y;

architecture RTL of SEL2TO1Y is
begin
    process( SEL, A, B )
    begin
        if SEL='1' then D <= A;
        else            D <= B;
        end if;
    end process;
end RTL;
```

図5 if then else構文を用いた2to1セレクタ

式を SEL＝'1' とし、成立時の処理がD＜＝A 不成立時の処理がD＜＝B とすると、図5のようなVHDL記述となります。

同時処理文のwhen else構文を使用した場合と異なっているところは、if then else構文全体をprocess文の中に納めているところです。ここが同時処理文と順次処理文の大きな違いです。また、process文中で使用している入力のすべてをセンシティビティリストに列挙しておくことを忘れないでください。

process文によって記述した処理は、センシティビティリストに列挙した入力のどれかが変化しないと処理されませんので、書き漏れた入力があると、希望する回路動作が得られないことになりますので注意してください。

(3) 4to1セレクタの記述例

複数の条件判断を行うためのelsifの用い方を示すために、4to1セレクタ

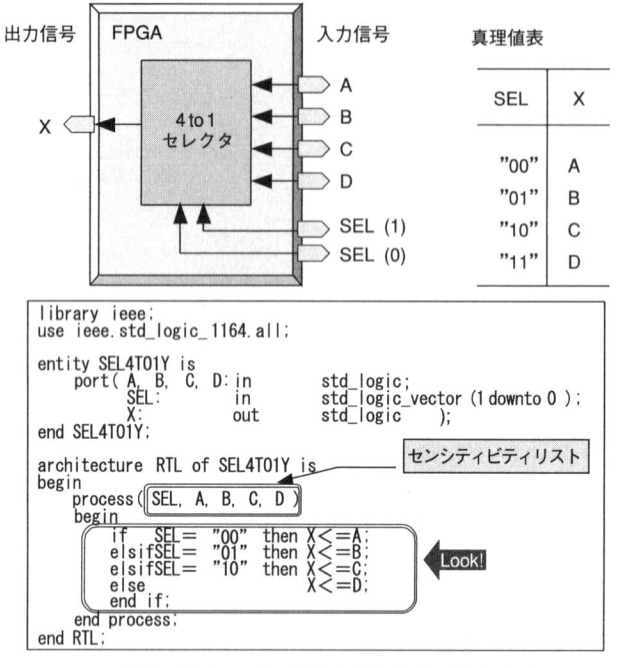

```
library ieee;
use ieee.std_logic_1164.all;

entity SEL4TO1Y is
    port( A, B, C, D: in      std_logic;
          SEL:        in      std_logic_vector (1 downto 0 );
          X:          out     std_logic
        );
end SEL4TO1Y;

architecture RTL of SEL4TO1Y is       ──センシティビティリスト
begin
    process ( SEL, A, B, C, D )
        begin
            if    SEL=  "00"  then X<=A;
            elsif SEL=  "01"  then X<=B;      ← Look!
            elsif SEL=  "10"  then X<=C;
            else                   X<=D;
            end if;
    end process;
end RTL;
```

図6 if then else構文を用いた4to1セレクタ

を取り上げます。このときの条件判断は、SEL入力の4つの値に対して、A、B、C、Dのどれかを選択して出力することになります。図6のVHDL記述例では、3つの条件式とその他の4分岐として扱っています。

この場合にも、process文のセンシティビティリストにすべての入力を列挙することを忘れないでください。

C言語などのプログラミング言語を知っている読者にとっては、elsifをelse ifに読み替えれば、大変わかりやすい記述だと思われます。

(4) フリップフロップの記述

順序回路には、記憶回路が必須であることは前記した通りですが、その記憶回路の基本であるフリップフロップの機能を記述するのに、if then else構文は適しています。

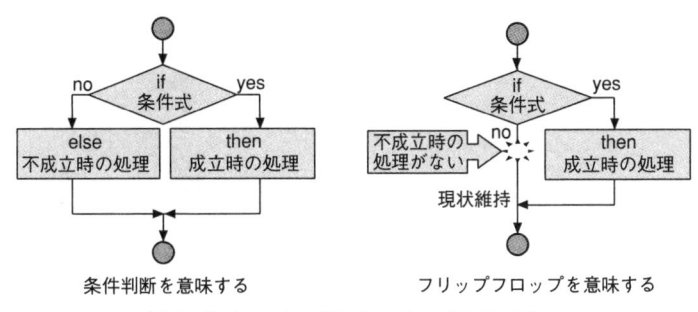

図7 if then else構文とフリップフロップ

　if then else構文では、基本的に条件式が成立した時の処理（then〜）と、不成立時の処理（else〜）を記述することになっていました。しかし、ここで故意に不成立時の処理を書かなかったらどうなるでしょうか？　条件式を処理した結果、不成立となった場合に、elseで始まる記述がないのですから、"何もしない"（何もできない）ことになり、その結果"それまでの出力の状態を保つ"ことになります。この"保つ"ということが、記憶回路でありフリップフロップなのです（図7）。

　このように、if then else構文からelse部の記述を省略することによって、フリップフロップを記述することができます。そのため、if then else構文を用いた場合に、else部の記述がなくても、論理合成ツールは文法エラーとして扱いませんので十分注意してください。記述ミスでelse部を書き忘れたために、希望しないフリップフロップが生成されてしまい、動作がおかしいと悩む場合も多発しているようです。

(5) LEDを点滅させる

　フリップフロップを用いた簡単なVHDL記述例を図8に示します。これは「順序回路とは」で例に挙げた、スイッチを押すたびに、LEDが点灯→消灯→点灯→消灯→…と交互に状態を変化させるような動作をする回路です。

　細かなことは、後で説明することにし、if SW 'event and SW = '0'の条件が成立した場合（then）の処理は記述されていても、不成立の場合（else）の

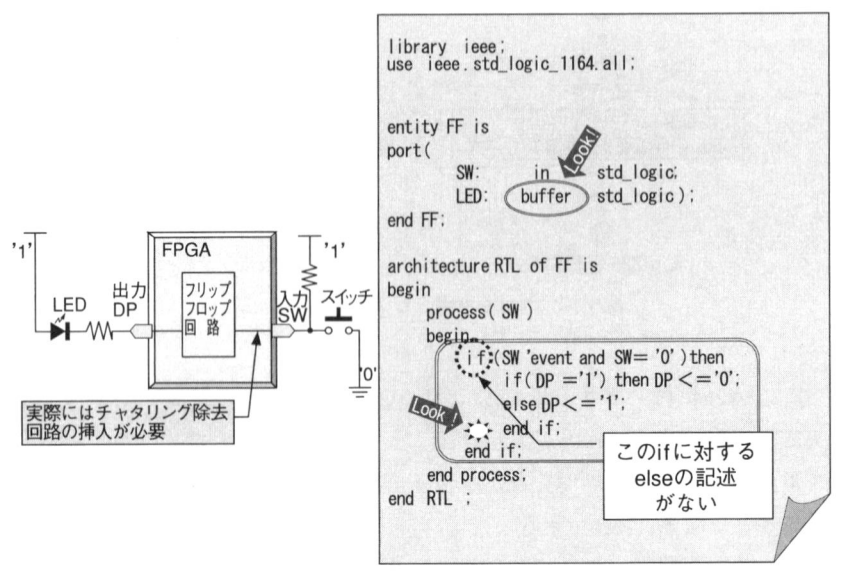

```
library ieee;
use ieee.std_logic_1164.all;

entity FF is
port(
        SW:     in      std_logic;
        LED:    buffer  std_logic);
end FF;

architecture RTL of FF is
begin
    process( SW )
    begin
        if(SW 'event and SW='0')then
            if( DP ='1') then DP<='0';
            else DP<='1';
            end if;
        end if;
    end process;
end RTL ;
```

図8 フリップフロップのVHDL記述例

処理が記述されていないところに注目してください。つまり、このif then else構文は、フリップフロップを記述していることになります。

一方、条件が成立した場合には、もう一つ別の if then else構文があります。これは、これまでのLEDの状態を参照して、対応する新しい状態に変化させる処理を行っている部分で、「これまでのLEDの状態は'1'ですか？」の条件（LED ='1'）に対して、成立、不成立の両方の処理がそれぞれ存在します。したがって、このif then else構文からはフリップフロップは生成されません。この場合には、単なる切替回路（2to1セレクタ）の動作となります。

なお、ここで、LEDというポートは、2番目のif then else構文の条件（if (LED = '1')）として現在の値を調べるために入力されているとともに、LED<='0'やLED<='1'として新しい値の出力先ともなっています。つまり、出力した値を、内部回路が利用していますので、この場合のポートのタイプは、bufferとなります。

(6) エッジ検出の行い方

さて、if SW'event and SW='0' then の説明に戻りましょう。if then else 構文によるこの記述は、入力信号の立ち下がりエッジを検出する際の決まった表し方です。入力ポート名（この場合SW）に続けて'eventキーワードを記述すると、「入力ポートの値に変化があったら」という条件を表現します。入力ポートSWの値の変化、つまり実質的には'0'→'1'または'1'→'0'の2種類があって、両方の場合に条件が成立します。そこで、どちらか一方のみを利用するためには、and（関係演算子）によって、SW='0'という条件を追加することになります。これによって"スイッチに変化があって、かつ今現在'0'の状態を保っているのなら"という条件を記述したことになり、これでスイッチの立ち下がりエッジを検出することができます（図9参照）。

以上で、スイッチを押すたびにLEDがONしたりOFFしたり切り替わる回路（トグル動作という）が、一応できたことになります。しかし、このままでは、スイッチの接点がON／OFFするときに発生するチャタリングという現象のため、正しく動作するとは限りません。チャタリング除去回

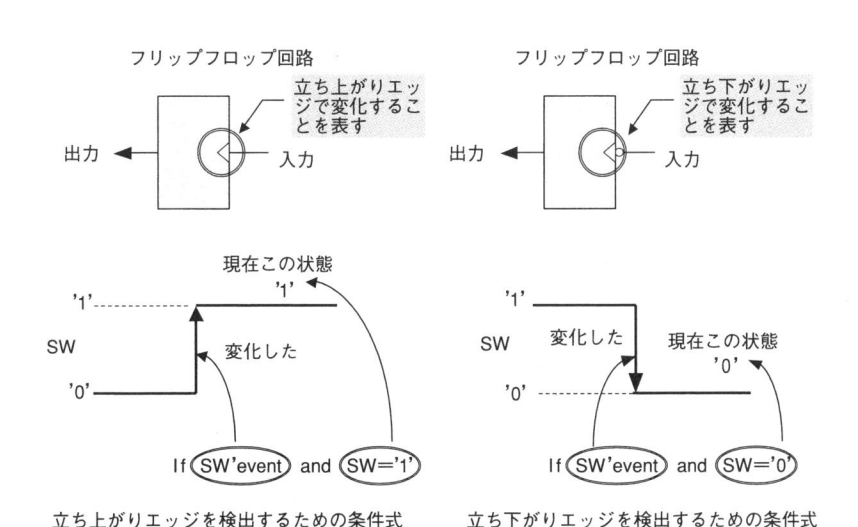

図9　エッジ検出の表し方とVHDL記述

路については、「チャタリング除去の行い方」で紹介しています。

case when 構文

(1) 使い方

case when 構文は、選択式を評価して複数ある選択項目の中から一致するものを1つだけ選び、それに対応する順次処理を行います。基本的な使用法としては、

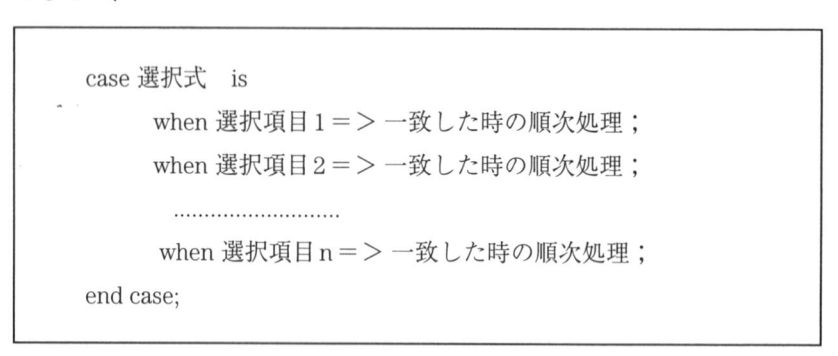

```
case 選択式    is
    when 選択項目1 => 一致した時の順次処理；
    when 選択項目2 => 一致した時の順次処理；
    ..........................
    when 選択項目n => 一致した時の順次処理；
end case;
```

となります。
ここで、各選択項目に対応する処理は、=>に続けて記述します。こ

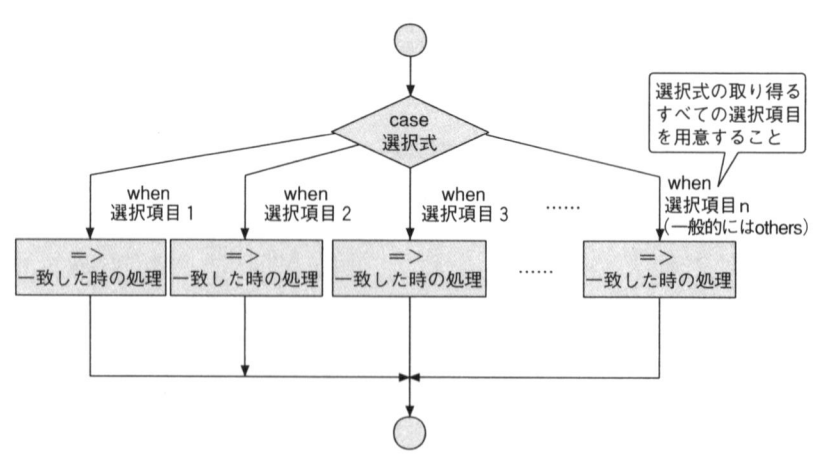

図10　case when構文

の＝＞は、＜＝代入演算子と類似していて紛らわしいので注意してください。case when 構文は、同時処理文のwith select when構文と同じく、選択式の取り得るすべての値に対応した選択項目を用意しておく必要があります。すべてを用意する必要がない場合（ほとんどの場合が該当する）には、最後の選択項目としてothersキーワードを採用することによって、残りのすべての選択項目を用意したのと等価にすることができます。この場合、others選択項目は、case when構文中の最後に記述します（**図10**）。

　そして、case when構文の終わりを示す end case;を記述して、構文を締めくくります。

(2) 2to1セレクタの記述例

　もうお馴染みとなった2to1セレクタを、case when構文を用いて記述してみましょう。まず、case when構文は順次処理文ですから、process文内

```
library ieee;
use ieee.std_logic_1164.all;

entity SEL2TO1Z is
    port(   A, B, SEL : in    std_logic;
            D:         out   std_logic);
end SEL2TO1Z;

architecture RTL of SEL2TO1Z is
begin
    process( SEL, A, B )
    begin
        case SEL is
            when '1'    => D <= A
            when others => D <= B
        end case;
    end process;
end RTL;
```

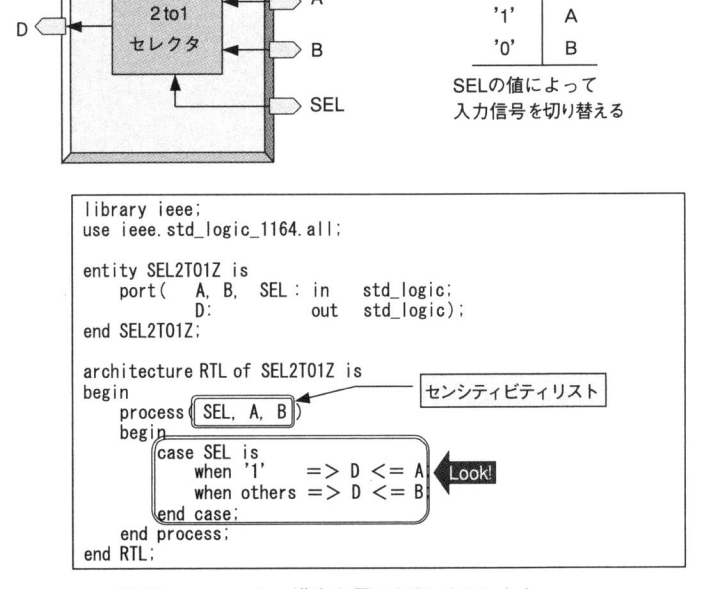

SEL	D
'1'	A
'0'	B

SELの値によって入力信号を切り替える

図11　case when構文を用いた2to1セレクタ

に記述することはいうまでもありません。その際のセンシティビティリストには、すべての入力信号を列挙することも、忘れないでください。

選択式としてはSEL、選択項目としては対応する処理が2つしかないので、'1'と'1'以外のすべての値をカバーするothersの2つです。そして、それらに対応した処理として、出力Dへの＜＝演算子による代入処理が続きます。**図11**に示した記述例から、＝＞と＜＝によって出力Dが挟まれるという、case when構文ならではの記述が見られます。

（3）4to1セレクタの記述例

この4to1セレクタも4回目の登場です。どちらかといえば、case when構文で記述するのに向いている回路と言えるでしょう。process文内に記述すること、およびすべての入力信号をセンシティビティリストに列挙しておくことは、順次処理文を使用するときの決まりです（**図12**）。

真理値表

SEL	X
"00"	A
"01"	B
"10"	C
"11"	D

```
library ieee;
use ieee.std_logic_1164.all;

entity SEL4TO1Z is
    port( A, B, C, D: in  std_logic;
          SEL:        in  std_logic_vector(1 downto 0);
          X:          out std_logic                    );
end SEL4TO1Z;

architecture RTL of SEL4TO1Z is
begin
    process( SEL, A, B, C, D )    ←センシティビティリスト
    begin
        case SEL is
            when "00" => X<=A;
            when "01" => X<=B;      ←Look!
            when "10" => X<=C;
            when others => X<=D;
        end case;
    end process;
end RTL;
```

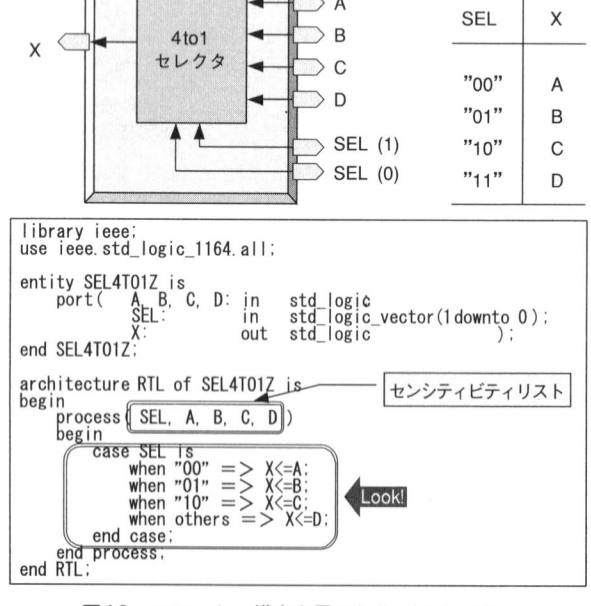

図12　case when構文を用いた4to1セレクタ

選択式としてのSELは、4つの選択項目を持っていることが真理値表からわかります。しかし、今さら説明するまでもないとは思いますが、std_logic型の信号は、それぞれが9種の値を持つことになっていますので、SELがたかだか2本の線の束（std_logic_vector）とはいえ、値の組み合わせ数としては理論上81種類もあることなります。

したがって、実際の回路としては、4つの選択項目のうちの1つに残りのすべての組み合わせを含めてしまうために、othersキーワードを用いています。すでに、何度も説明してきた事柄なので、十分理解できたことでしょう。

case when構文は、C言語を学んだことのある読者であれば、switch case文と類似していることに気がついたことでしょう。このように、VHDLはC言語やPASCAL言語とよく似ているため、理解しやすい反面、知識が混乱する恐れもありますので、注意してください。

(4) 7セグメントデコーダ

case when構文を効果的に利用する回路例として、7セグメントデコーダ

16進数表示	BIN4 3210	SEG7LED 76543210
0	0000	00000011
1	0001	10011111
2	0010	00100101
3	0011	00001101
4	0100	10011001
5	0101	01001001
6	0110	01000001
7	0111	00011011
8	1000	00000001
9	1001	00001001
A	1010	00010001
b	1011	11000001
C	1100	01100011
d	1101	10000101
E	1110	01100001
F	1111	01110001

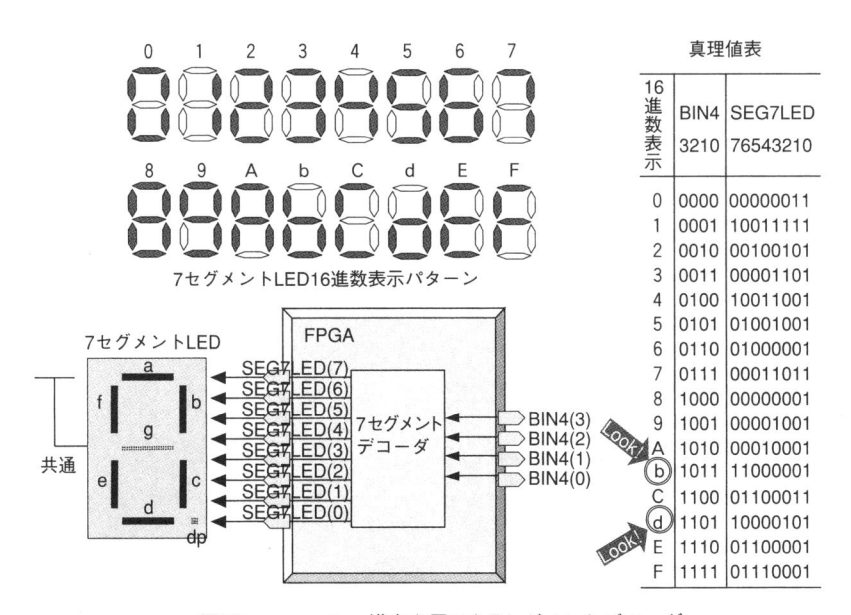

図13　case when構文を用いた7セグメントデコーダ

を記述してみましょう。7セグメントLEDを用いて、数字や一部の英字が表せることについては、これまでにも簡単に紹介してきました（図13参照）。そこで、本書においても、これからの事例や最終目的であるストップウォッチにおいて必要となることから、16進数表示をさせるための7セグメントデコーダを紹介しましょう。

4ビットの2進数BIN4を入力とし、真理値表に従って対応するセグメントデータSEG7LEDを出力する回路を、case when構文で記述することになります。7セグメントLEDには8つのセグメントがあるので、SEG7LEDは8ビット分のstd_logic_vector()としてありますが、dp（小数点）は使用しないので、常に消灯（'1'）させています。

16進数とは、0～9、A～Fの16文字を用いて、2進数4桁分を1桁で表す方法です。これらの文字を、7セグメントLEDで表示させるためには、点灯させるセグメントパターンに若干の工夫が必要となります。真理値表に示したセグメントデータにおいて、BとDについては、英小文字の表示となっ

```vhdl
library ieee;
use ieee.std_logic_1164.all;

entity SEG7DECX is
    port( BIN4   : in  std_logic_vector(3 downto 0 );
          SEG7LED : out std_logic_vector(7 downto 0 ));
end SEG7DECX;

architecture RTL of SEG7DECX is
begin
    process( BIN4 )
    begin
        case BIN4 is
            when "0000" => SEG7LED <= "00000011"; --0
            when "0001" => SEG7LED <= "10011111"; --1
            when "0010" => SEG7LED <= "00100101"; --2
            when "0011" => SEG7LED <= "00001101"; --3
            when "0100" => SEG7LED <= "10011001"; --4
            when "0101" => SEG7LED <= "01001001"; --5
            when "0110" => SEG7LED <= "01000001"; --6
            when "0111" => SEG7LED <= "00011011"; --7
            when "1000" => SEG7LED <= "00000001"; --8
            when "1001" => SEG7LED <= "00001001"; --9
            when "1010" => SEG7LED <= "00010001"; --A
            when "1011" => SEG7LED <= "11000001"; --b
            when "1100" => SEG7LED <= "01100011"; --C
            when "1101" => SEG7LED <= "10000101"; --d
            when "1110" => SEG7LED <= "01100001"; --E
            when others => SEG7LED <= "01110001"; --F
        end case;
    end process;
end RTL;
```

図14　case when構文を用いた7セグメントデコーダ

ているところに注意してください。Bは8と、Dは0と同様のセグメントパターンとなってしまうため、やむなく英小文字による表示となっています。

　ここまで準備できれば、case when 構文で記述するのは簡単です。71ページで、10進数1桁の7セグメントデコーダを、同時処理文の with select when 構文を用いて記述した例を示してありますので、比較参照してください。

　図14に示すVHDL記述は、このままでは動作を確認できませんが、後の章で利用していきます。

2. 500m秒周期のパルスを発生させる

1個のフリップフロップを用いて、ディジタル信号1ビットの情報を記憶できます。そして、複数個のフリップフロップを用いると、数値を記憶することができます。その具体的な応用例として、タイマーとカウンタがあります。

タイマーの考え方

指定した時間になったら、信号を出力するというような回路を、タイマーと言います。タイマーは、基準となるクロック信号の変化を、指定した

回数 ＝ 指定した時間 / 1クロック周期

```
process(クロック)
begin
    if(クロック'event and クロック'1')then
        回数を数え上げる；
        if（指定した回数？）then
            指定した時間に行う処理；
            回数のクリヤ；
        else 指定時間以外に行う処理；
        end if;
    -- 回数はそのまま；
    end if;
end process;
```

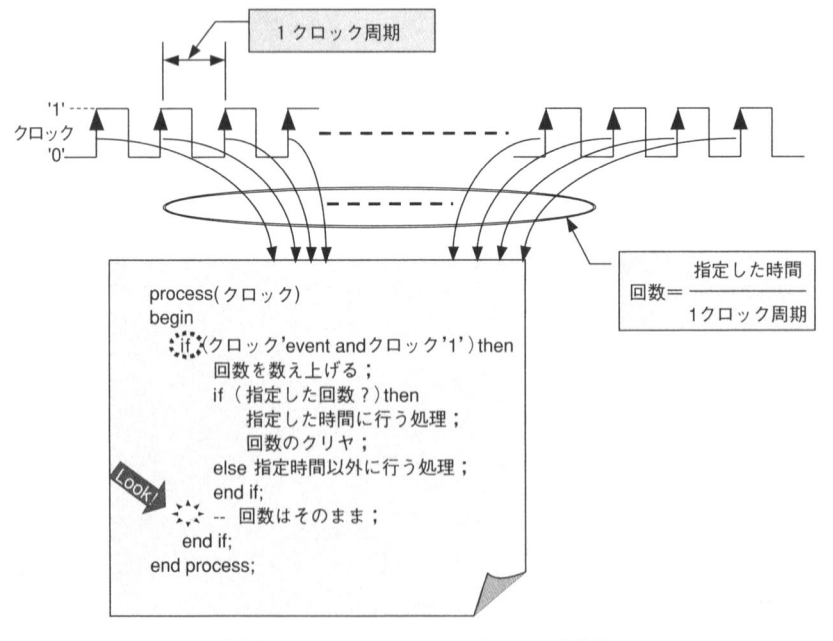

図15　process文によるタイマーの記述例

時間分だけ数え上げる回路によって実現されます。クロック信号としては、水晶（クリスタル）振動子などを用いて作られた正確な周期で変化する信号を用いることにより、正確なタイマーとすることができます。

図15に示したprocess文では、if（クロック'event and クロック＝'1'）により、クロックの立ち上がりエッジごとに回数を数え上げる処理（一般的には、回数＜＝回数＋1；）を行わせています。

つぎに、2つ目のif then else構文を用いて、回数が指定した時間に相当する回数に達したかどうかを判定処理します。条件成立時には、指定した時間ごとに行う処理を実施するとともに、回数をクリヤ（一般的には0にする）し、つぎの指定時間までの回数を数え上げる処理に備えます。else部には、不成立時に行う処理を記述します。

ここで、最初のif then else構文に対するelse部のないことに気が付きましたか？　そうです、フリップフロップを記述しているからです。この記述例では、条件成立時に数え上げた回数を、不成立時にはそのまま保持することになります。

500m秒タイマーのVHDL記述例

ここでは、2MHzのクロック信号を用いて、500m秒のタイマーを作ってみることにしましょう。2MHzとは、1秒間に200万回、信号が変化するという意味ですから、500m秒のタイマーを作るためには、半分の100万回を数え上げたら出力を変化させる回路にすれば良いわけです。

図16に示したVHDL記述例では、2つのprocess文を用いて、タイマー（process 1）とその結果をLED表示して確認するための回路（process 2）を記述してあります。

ここで、タイマーを構成する100万回を数え上げるための記憶場所CNTは、architecture内でのみ使用し、外部へ出力する必要がない（外部で使用しない）ことに注目して下さい。このように、回路内でのみ使用する信号は、architecture部のbeginを書く前の位置で、signalキーワードを用いて宣言します。signalキーワードによって宣言された信号には、in／outの区別がな

```
library ieee;
use ieee.std_logic_1164.all;

entity T500MS is
port(
        CLOCK:  in      std_logic;
        DP:     buffer  std_logic);
end T500MS;

architecture RTL of T500MS is
signal  CNT:    integer range 0 to 999999;
signel  T500:   std_logic;
begin
    process( CLOCK )
    begin
        if(CLOCK'event and CLOCK='1') then
            if( CNT = 999999 ) then
                T500 <= '1';
                CNT  <= 0;
            else
                CNT  <= CNT + 1;
                T500 <= '0';
            end if;
        end if;
    end process;

    process( T500 )
    begin
        if( T500'event and T500='1' ) then
            DP <= not DP;
        end if;
    end process;
end RTL ;
```

Process1 : 500m秒タイマー
Process2 : トグル動作回路

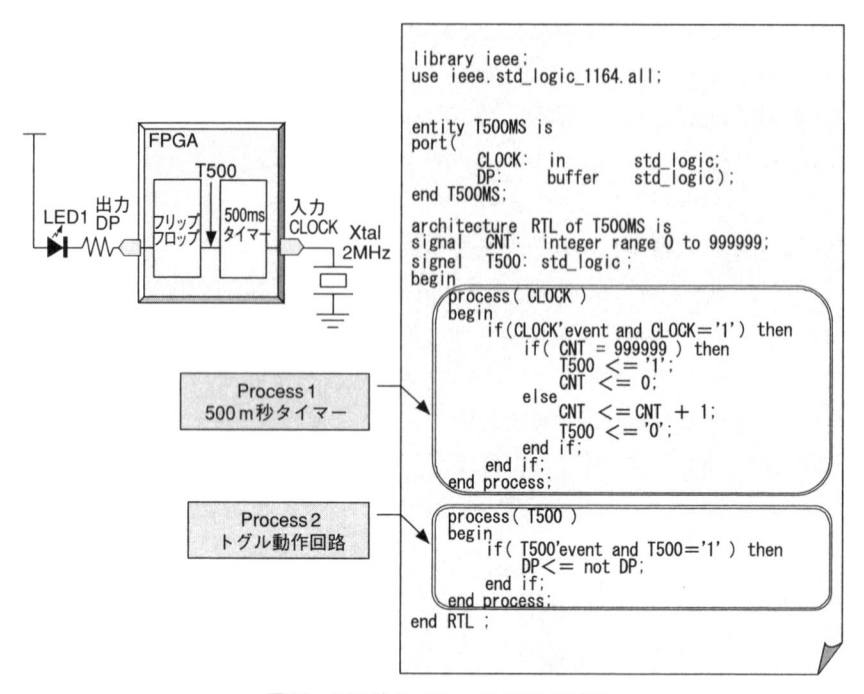

図16　500秒タイマーのVHDL記述例

く (つまりinoutモード)、信号のタイプのみを指定します。

　ここでは、integer型を用いて100万という正数を扱える範囲 (0〜999,999) の信号として、CNTを宣言しています。std_logic_vecter型として宣言することも可能ですが、この場合には2進数で何ビット分が必要であるかを指定する必要があります。integer型で宣言する場合には、扱える正数の範囲を指定すれば、自動的に必要なビット数分を用意しているので便利です。ちなみに、100万という正数値を扱うためには、20ビットが必要となります。

　process1の動作を説明しましょう。if (CLOCK 'event and CLOCK = '1') によって、CLOCKの立ち上がりエッジを検出し、条件成立ごとにCNTの値が999,999になったかの条件判断を行い、条件成立時にsignalキーワードによって宣言されているT500に'1'を代入しています。また条件不成立時には、T500に'0'を代入しています。この結果、T500には500m秒ごとに、

図17 各信号の動作

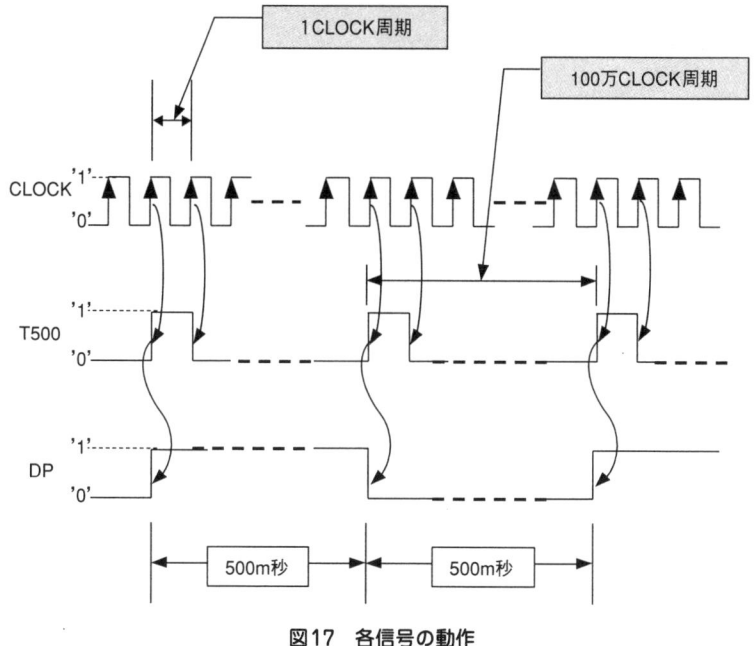

CLOCKの1周期分だけ'1'となることになります。

さて、ここで、作成したタイマーの動作を確認するために、T500（signalで宣言されていることは別として）をLEDに接続したらどうなるでしょうか？ 図17の回路の場合、'0'が出力された時LEDが点灯しますので、結果は、点灯したままに見えるでしょう。前述のように、CLOCKの1周期分だけ'1'となりますので、その間は消灯しているはずですが、その時間はわずか200万分の1秒のため、目では確認できません。

そこで、もう1つのprocess文が必要となるのです。process2は、T500の立ち上がりエッジごとに、DP出力の状態を反転させる（トグル動作という）という、典型的なフリップフロップ回路となっています。この結果、LEDは500m秒ごとに点灯と消灯を繰り返すことになり、動作を目で確認することができるようになります。LEDの点灯だけに着目すれば、その間隔が1秒となることはいうまでもないでしょう。

チャッタリング除去回路

(1) チャッタリング除去の行い方

タイマーを利用したVHDL記述の一例として、チャッタリング除去回路を紹介します。チャッタリングとは、スイッチなどの機械式接点が開閉する際に発生する振動や放電によって、一時的に生じる不安定な状態のことです。チャッタリングの発生している時間は、スイッチの種類などによって異なりますが、一般的な電子回路に用いられる小型スイッチの場合には、数m秒から数十m秒と考えられます。

チャッタリング発生時の不安定な状態の信号を入力信号として用いないようにするためには、数m秒〜数十m秒間の入力の状態を観察し、変化のないことを確認してから採用するようにすればよいことになります（**図18**）。この

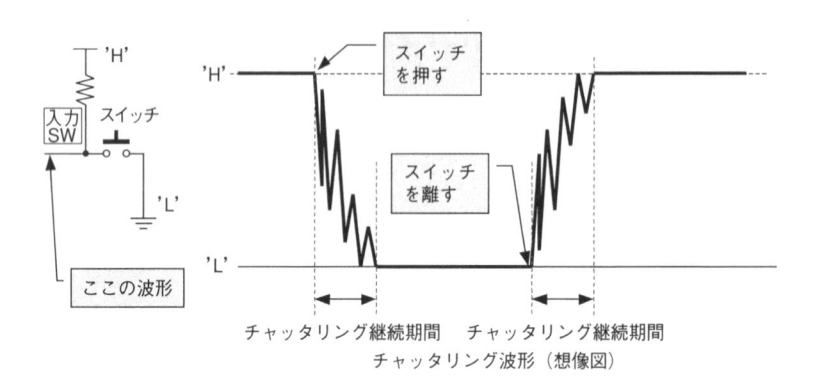

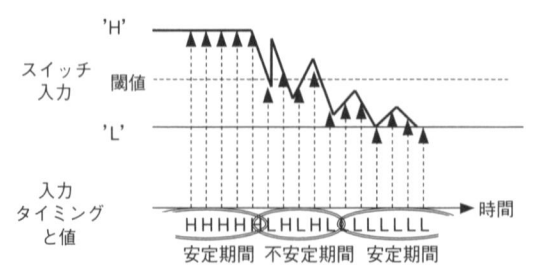

図18 チャッタリングの発生と除去の考え方

ような処理を行う回路のことを、チャッタリング除去回路と呼んでいます。

(2) タイマーを用いたチャッタリング除去回路

この例で対象とするスイッチにおいては、数m秒間でチャッタリング現象が収まるものと仮定して、チャッタリング除去回路のVHDL記述を考えることにします。

まず1m秒のタイマーを用意します。そして、そのタイマーを用いて1m秒ごとに対象とする入力の状態を取り込んで記憶し、それらの記憶内容に変化がなくなっていたなら、チャッタリング発生期間が経過したと判断することにします。そして、安定した入力として採用するのです。

図19に示したVHDL記述例では、1m秒ごとに取り込んだSW入力の値を、

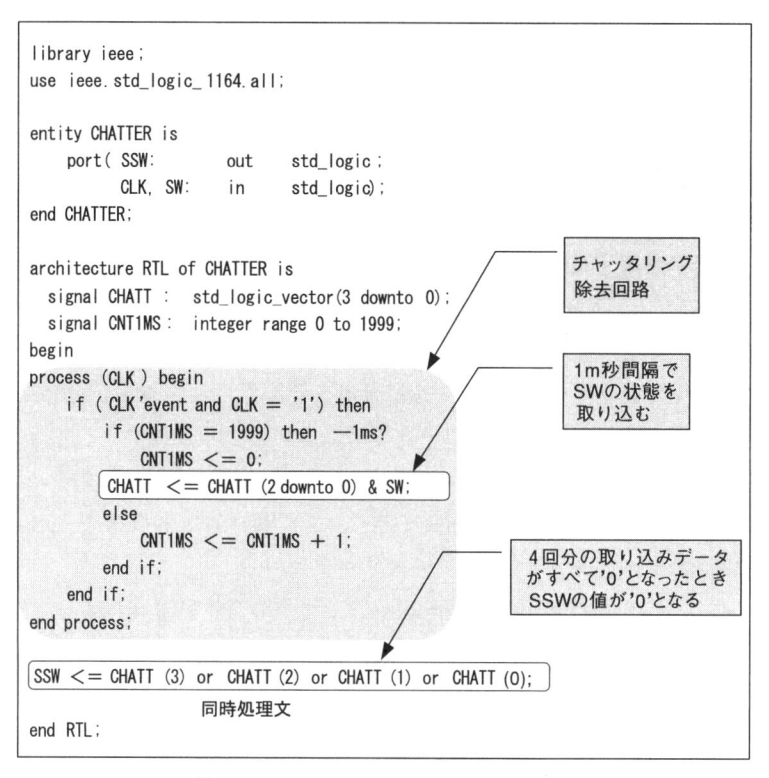

```
library ieee;
use ieee.std_logic_1164.all;

entity CHATTER is
    port( SSW:       out   std_logic;
          CLK, SW:   in    std_logic);
end CHATTER;

architecture RTL of CHATTER is
  signal CHATT   :   std_logic_vector(3 downto 0);
  signal CNT1MS  :   integer range 0 to 1999;
begin
process (CLK) begin
    if ( CLK'event and CLK = '1') then
        if (CNT1MS = 1999) then   —1ms?
            CNT1MS <= 0;
            CHATT  <= CHATT (2 downto 0) & SW;
        else
            CNT1MS <= CNT1MS + 1;
        end if;
    end if;
end process;

SSW <= CHATT (3) or CHATT (2) or CHATT (1) or CHATT (0);
                同時処理文
end RTL;
```

- チャッタリング除去回路
- 1m秒間隔でSWの状態を取り込む
- 4回分の取り込みデータがすべて'0'となったときSSWの値が'0'となる

図19 チャッタリング除去回路の記述例

最新のものから4回分だけ記憶（CHATT）しています。この部分の記述、CHATT <= CHATT（2 downto 0）& SW; はちょっと技巧的で、

　HATT（3）<= CHATT（2）; CHATT（2）<= CHATT（1）; CHATT（1）<= CHATT（0）; CHATT（0）<= SW; と記述したのと等価になります。つまり、一番古い（CHATT（3）の）値を捨てて、その後につぎに古い（CHATT（2）の）値を移動させるという操作を順次行い、空になったCHATT（0）に新しく取り込んだ値を追加する方式で、FIFO（First In First Out：最初に入ったものが最初に出て行く）などとも呼ばれます。

　そして、その4回分の記憶内容について、つぎの同時処理文　SSW <= CHATT（3）or CHATT（2）or CHATT（1）or CHATT（0）によって、すべての値が論理値 '0' となったときに、スイッチのチャタリング期間が終了して安定した入力 '0' の状態が得られた（つまりスイッチが押された）として、チャタリング除去済みのスイッチ入力SSWの値が '0' となるようにしています。

　ただし、この記述法では、スイッチを離したとき、つまりSWが '1' となる時を利用する場合には、効果がありませんので注意してください。

(3) LED点滅回路にチャタリング除去回路を追加する

　先に紹介したLED点滅回路に、今回作成したチャタリング除去回路を追加して、安定して動作するLED点滅回路を完成させたのが**図20**です。

　すでに紹介済みである2つのVHDL記述を合体させ、両process文間の信号の受け渡しには、signalキーワードを用いて宣言したSSWによって行っています。つまり、port文によって入力に宣言されたSWはチャタリング除去回路で使用し、その出力である安定したスイッチ入力の状態は、SSWを介してLED点滅回路へと伝えているのです。

　以上で、この回路は、2つのprocess文と1つの同時処理文によって構成されていることになります。いつの間にか、VHDL記述例も様になってきました。そろそろ、慣れてきた頃ではないでしょうか？

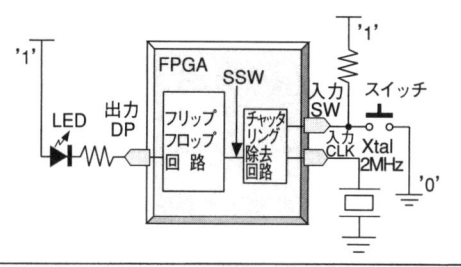

```
library ieee;
use ieee.std_logic_1164.all;

entity LEDONOFF is
port(
        CLK, SW:        in      std_logic;
        DP:             buffer  std_logic );
end LEDONOFF;

architecture RTL of LEDONOFF is
signal CHATT:   std_logic_vector(3 downto 0);
signal CNT1MS:  integer range 0 to 1999;
signal SSW:     std_logic;
begin
    process( SSW )
    begin
        if(SSW' event and SSW='0' )then
            if( DP='1') then DP <= '0';
            else DP <= '1';
            end if;
        end if;
    end process;

    process (CLK) begin
        if (CLK' event and CLK='1') then
            if (CNT1MS = 1999) then      —1ms?
                CNT1MS <= 0;
                CHATT <= CHATT(2 downto 0) & SW;
            else
                CNT1MS <= CNT1MS + 1;
            end if;
        end if;
    end process;

    SSW <= CHATT(3) or CHATT(2) or CHATT(1) or CHATT(0);
end RTL;
```

図20 安定して動作するLED点滅回路のVHDL記述例

3. 1桁のカウンタを作る

　フリップフロップを用いて数を数えて記憶しておくことができることは、すでに説明しました。その際、正確な周期のクロック信号の数を数えることによって、タイマーが記述できることを紹介しました。
　ここでは、クロック信号の代わりに任意の信号を入力することによって、その数を数える回路について紹介します。このような回路をカウンタと呼んでいます。

カウンタの考え方

　タイマーと同様に、入力のエッジを検出して数え上げるのがカウンタの

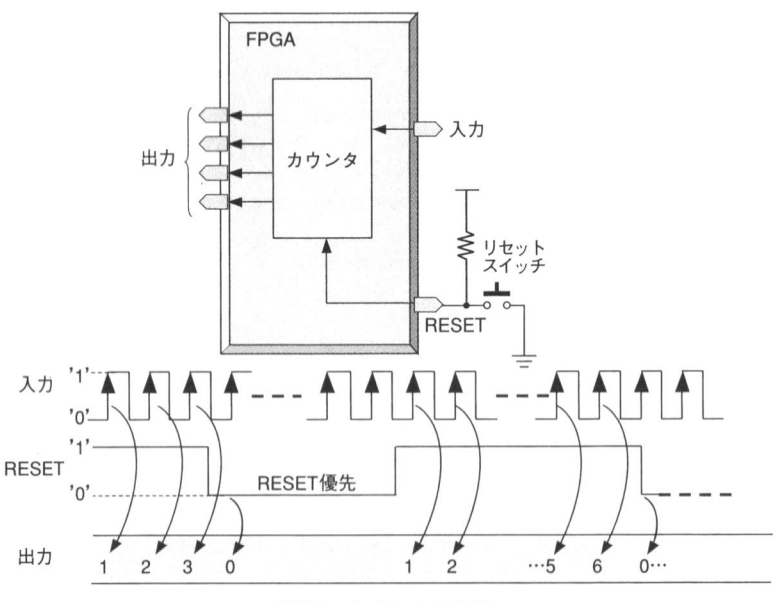

図21　カウンタの動作

基本的な動作です。タイマーと異なるところは、数え上げた現在値を記憶するとともに、外部へ出力しているところです。この出力を、別の回路が利用して、種々の目的を達することになります（**図21**）。

　その際、カウンタの現在値をあらかじめ用意しておいた任意の値（初期値という）に、強制的に設定する機能を持たせる場合があります。一般的には、0に設定することが多く、このような機能を「リセット機能」と呼びます。

　また、任意の値にセットする場合は、「プリセット機能」「プリロード機能」などと呼びます。なお、その場合には、数え上げる（＋1する：カウントアップ）のではなく、数え下げる（－1する：カウントダウン）タイプのカウンタを採用するのが一般的です。

　カウンタをVHDL記述するには、タイマーの記述と同様にprocess文とif then else構文を組み合わせて行うことになります。

カウンタのVHDL記述例

（1）2進カウンタ

　ディジタル回路で、もっとも扱いやすい数は2進数で、この2進数をベースとしたカウンタのことを「2進カウンタ」（またはバイナリカウンタ）と呼びます。ここでは、2進数4桁のカウンタを作ってみましょう。

　4桁の2進数では、"0000"～"1111"（10進数では0～15）の範囲を数えることができます。また、このような2進数4桁をまとめて1桁として表す「16進数」という表し方もあります。この場合には、0～9の10種と、A～Fの6種の文字を用いて、16進数1桁を表します。

　87ページで紹介した7セグメントデコーダは、まさにこの16進数1桁用です。ここで作るカウンタと併せて用いて、両者の動作を確認することにしましょう。

　2進数4桁のカウンタは、std_logic_vector()型で、4本のstd_logic型の信号線の束（BIN4）を宣言し、if then else構文を用いて2進数4ビット分を記憶しておくためのフリップフロップを記述することによって作ることができます。そして、入力（DIN）の立ち上がりエッジを検出するたびに、BIN4

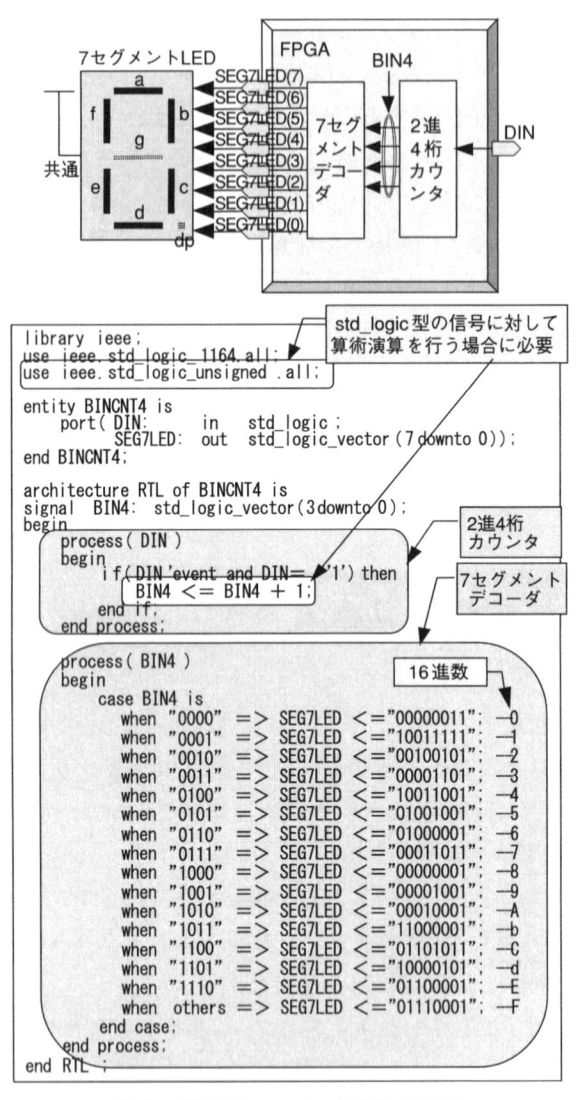

```
library ieee;
use ieee.std_logic_1164.all;
use ieee.std_logic_unsigned.all;

entity BINCNT4 is
    port( DIN:      in  std_logic ;
          SEG7LED:  out std_logic_vector(7 downto 0));
end BINCNT4;

architecture RTL of BINCNT4 is
signal  BIN4: std_logic_vector(3 downto 0);
begin
    process( DIN )
    begin
        if(DIN'event and DIN='1') then
            BIN4 <= BIN4 + 1;
        end if;
    end process;

    process( BIN4 )
    begin
        case BIN4 is
            when "0000"  => SEG7LED <= "00000011";  -- 0
            when "0001"  => SEG7LED <= "10011111";  -- 1
            when "0010"  => SEG7LED <= "00100101";  -- 2
            when "0011"  => SEG7LED <= "00001101";  -- 3
            when "0100"  => SEG7LED <= "10011001";  -- 4
            when "0101"  => SEG7LED <= "01001001";  -- 5
            when "0110"  => SEG7LED <= "01000001";  -- 6
            when "0111"  => SEG7LED <= "00011011";  -- 7
            when "1000"  => SEG7LED <= "00000001";  -- 8
            when "1001"  => SEG7LED <= "00001001";  -- 9
            when "1010"  => SEG7LED <= "00010001";  -- A
            when "1011"  => SEG7LED <= "11000001";  -- b
            when "1100"  => SEG7LED <= "01101011";  -- C
            when "1101"  => SEG7LED <= "10000101";  -- d
            when "1110"  => SEG7LED <= "01100001";  -- E
            when others  => SEG7LED <= "01110001";  -- F
        end case;
    end process;
end RTL;
```

図22　2進4桁カウンタのVHDL記述例

フリップフロップの記憶内容を＋1すればよいのです。

　ただし、std_logic型の信号に算術演算操作を加える場合には、パッケージ呼び出し部にuse ieee_std_logic_unsigned.all; を追加しておかなければな

りません（図22参照）。BIN4をinteger型で宣言すれば、パッケージ呼び出し部の追加は不要です。しかし、カウンタの場合、BIN4を他の回路が利用するため、利用範囲の広いstd_logic型を採用しました。VHDLでは、型の異なる信号間の代入はできません。

(2) 10進カウンタ

人間にとってもっとも扱いやすい数は、なんといっても10進数です。10進カウンタ（デシマルカウンタともいう）は、前記した2進数4桁カウンタのVHDL記述に修正を加えることによって作ることができます。

2進数4桁カウンタが、10進数で0～15の範囲を扱えるのに対して、0～9（10進数1桁）の範囲のみを扱うように、動作範囲を制限すればよいのです（図23参照）。つまり、"1010"～"1111"の範囲を利用しないことになります。

このような考え方によって、2進数4桁を用いて10進数1桁の範囲を表す方式をBCD（2進化10進：Binary Coded Decimal）と呼んでいます。

真理値表

表示	BIN4 3210	SEG7LED 76543210
0	0000	00000011
1	0001	10011111
2	0010	00100101
3	0011	00001101
4	0100	10011001
5	0101	01001001
6	0110	01000001
7	0111	00011011
8	1000	00000001
9	1001	00001001
A	1010	00010001
b	1011	11000001
C	1100	01100011
d	1101	10000101
E	1110	01100001
F	1111	01110001

この範囲のみを使用する

この部分を追加（BIN4の内容が9になったら、BIN4の内容を0に戻す）

```
process( DIN )
begin
    if(DIN'event and DIN= '1' )then
        if( BIN4 =  "1001" )then
            BIN4 <= "0000";
        else
            BIN4 <= BIN4 + 1;
        end if;
    end if;
end process;
```

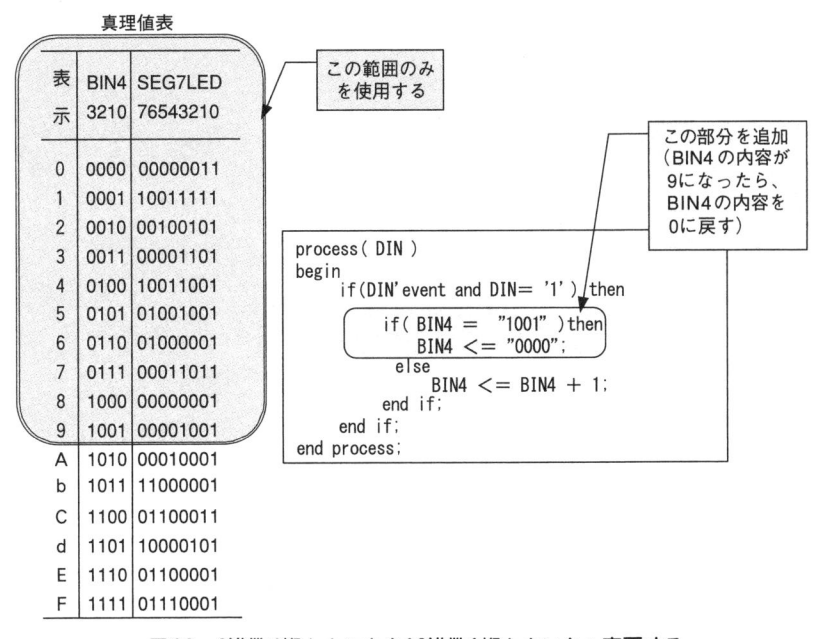

図23　2進数4桁カウンタを10進数1桁カウンタへ変更する

(3) 60進カウンタ

もう1つ、私たちに身近なものに60進数があります。そうです、時間の分や秒を表すときに使用します。ストップウォッチでは必須なので、ここで紹介しておきます。

60進カウンタは、**図24**のように下位桁に10進カウンタ、上位桁に6進カウンタを用い、その値を2つの7セグメントLEDに表示することによって、実現できます。

10進カウンタについては、すでに紹介しましたが、桁上げ機能を追加しなければなりません。具体的には、数え上げていって9になったとき、初期値の0に戻すとともに、桁上げ信号を'1'にします。そして、9以外の時は、桁上げ信号を'0'に戻します。この桁上げ信号の立ち上がりエッジを、6進カウンタで数えることになります。

では、その6進カウンタですが、むずかしく考える必要はありません。10進カウンタの時と同じように考えればよいのです。つまり、10進カウンタの場合には、数え上げた値が、9になったら初期値の0に戻していました。したがって、6進カウンタの場合には、5になったら0に戻せばよいのです。これで、0～5が扱える範囲となります。

ただし、std_logic_vector（）型の記憶場所（フリップフロップ）を確保するとなると、最大の数値である5を表すのに、2進数で何ビット必要になるかを指定する必要があります。この場合は、3ビットで済みますので、10進カウンタより1ビット少なくなります。

7セグメントデコーダは、それぞれのカウンタが1つずつ必要です。プログラムなら、1つ用意しておいて、共用するところですが、VHDLはハードウェアを記述しているので、別々に用意しなければなりません。どうせ用意するのなら、10進用と6進用に作り替えることにしましょう。いずれにしても、16進用よりは記述が短くなります。

このようにして記述した例を**図25**に示します。ここでは、7セグメントLEDで動作確認するために、1秒タイマーを入力として追加してあります。1秒タイマは、91ページで紹介した500m秒タイマーを用いて、数える回数を2

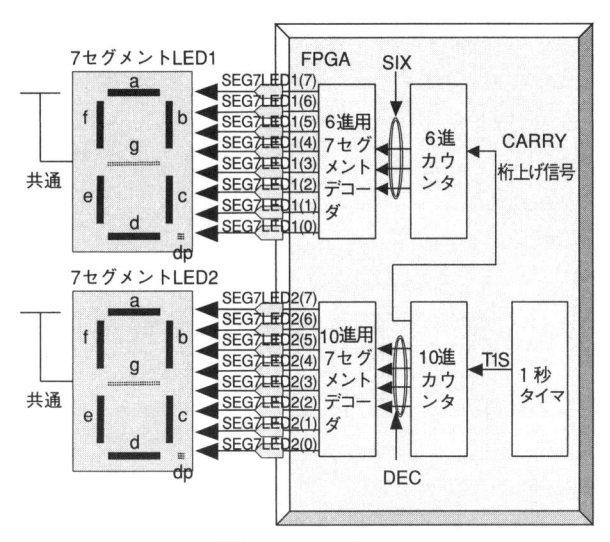

図24 60進カウンタの回路構成

```
library ieee;
use ieee.std_logic_1164.all;
use ieee.std_logic_unsigned.all;
entity CNT_60 is
    port( CLK:       in   std_logic;
          SEG7LED1: out  std_logic_vector ( 7 downto 0 );
          SEG7LED2: out  std_logic_vector ( 7 downto 0 ) );
end CNT_60;
architecture RTL of CNT_60 is
signal SIX:       std_logic_vector ( 2 downto 0 );
signal DEC:       std_logic_vector ( 3 downto 0 );
signal CRY, T1S:  std_logic;
signal CNT :      integer range 0 to 1999999;
begin
    process( CRY )
    begin
        if(CRY'event and CRY='1') then
            if( SIX =  "101" ) then
                SIX <= "000";
            else
                SIX <= SIX + 1;
            end if;
        end if;
    end process;
    process( T1S )
    begin
        if( T1S'event and T1S='1' ) then
            if( DEC = "1001" ) then
                DEC <= "0000";
                CRY <= '1';
            else
                DEC <= DEC + 1;
                CRY <= '0';
            end if;
        end if;
    end process;
                (次のページへ続く)
```

図25 60進カウンタのVHDL記述例

```
process( CLK )      （前ページからの続き）
   begin
      if(CLK 'event and CLK ='1' ) then
         if( CNT = 1999999 ) then
            T1S <= '1';
            CNT <= 0;
         else
            CNT <= CNT + 1;
            T1S <= '0';
         end if;
      end if;
   end process;

   process( SIX )
   begin
      case SIX is
         when "000"   => SEG7LED1 <= "00000011"; --0
         when "001"   => SEG7LED1 <= "10011111"; --1
         when "010"   => SEG7LED1 <= "00100101"; --2
         when "011"   => SEG7LED1 <= "00001101"; --3
         when "100"   => SEG7LED1 <= "10011001"; --4
         when others  => SEG7LED1 <= "01001001"; --5
      end case;
   end process;

   process( DEC )
   begin
      case DEC is
         when "0000"  => SEG7LED2 <= "00000011"; --0
         when "0001"  => SEG7LED2 <= "10011111"; --1
         when "0010"  => SEG7LED2 <= "00100101"; --2
         when "0011"  => SEG7LED2 <= "00001101"; --3
         when "0100"  => SEG7LED2 <= "10011001"; --4
         when "0101"  => SEG7LED2 <= "01001001"; --5
         when "0110"  => SEG7LED2 <= "01000001"; --6
         when "0111"  => SEG7LED2 <= "00011011"; --7
         when "1000"  => SEG7LED2 <= "00000001"; --8
         when others  => SEG7LED2 <= "00001001"; --9
      end case;
   end process;
end RTL ;
```

図25 つづき

倍にしたものです。これで、ストップウォッチに近いものができてきました。

(4) アップ／ダウンカウンタ

カウンタには数え上げる（＋1する）タイプと、数え下げる（－1する）タイプがあると前に書きましたが、両タイプをスイッチで切り替えられるようにした記述例を**図26**に示します。

これは、2進数4桁のカウンタです。したがって、カウントアップした場合には"111"のつぎは"000"となり、カウントダウンの場合には"000"のつぎは"111"となります。

10進カウンタや6進カウンタへ応用する場合には、特にダウンカウントの場合に対策が必要となります。10進カウンタの場合には、0のつぎは9となるよ

```
library ieee;
use ieee.std_logic_1164.all;
use ieee.std_logic_unsigned.all;

entity UD_CNT4 is
    port(CLK,       UD: in   std_logic;
                    Q:  out  std_logic_vector( 3 downto 0 ));
end UD_CNT4;

architectureRTL of UD_CNT4 is
signal CNT : std_logic_vector ( 3 downto 0 );
begin
    Q <= CNT ;   ◁Look！
    process(CLK)
    begin
        if(CLK 'event and CLK = '1' ) then
            if(UD = '0')    then CNT <= CNT -1;
            else                 CNT <= CNT +1;
            end if;
        end if;
    end process;
end RTL;
```

図26　2進数4桁アップ／ダウンカウンタ

うに、6進カウンタの場合には、0のつぎは5となるように記述を追加します。

この記述の中で、カウンタの値はsignalで宣言したCNTに記憶させておき、外部への出力は　Q＜＝CNT; という同時処理文によって代入されているところに注目してください。CNTを直接に外部出力とするには、port文で宣言するとともに、bufferタイプにすることになります。しかし、できるだけbufferタイプを使いたくないため、CNTはsignalで宣言し、外部出力にはoutタイプのQを用意し、代入するようにしました。覚えておくと便利です。

リセット回路

(1) リセット回路の種類

さてここで、数えはじめる初期値を明確に決められるようにしておかないと、実際にいくつ数えたのかわかりません。「電源を入れたばかりの時は、きっと0にきまっているよ！」と考えがちですが、全く保証されていませんので、注意してください。

カウンタの値をゼロクリヤするための回路をリセット回路といいます。

「回路」などと書くと、新たなprocess文を使用して……などと考えたくなりますが、チョット待ってください。

リセット回路によって0を代入されるフリップフロップは、カウンタ用のprocess文の中で＋1した値を代入するのに、すでに使用しています。VHDLでは、2カ所から同一の場所へ代入することが禁止されていたことを思い出してください。したがって、リセット回路は、カウンタ用のprocess文の中に埋め込むことになります。

さて、カウンタの中にリセット回路を埋め込むとなると、本来のカウンタ動作との関係で2種類の構成法が考えられます。1つは、カウンタの動作とは全く無関係に、いつでもリセット処理を行うことができる方法で、非同期リセット回路と呼ばれます（図27（上））。この場合には、process文のセンシティビティリストに、リセット入力を追加することを忘れないでください。もう1つは、カウンタが動作するタイミングの中でリセット処理を行う方法で、同期リセット回路と呼ばれます（図27（下））。

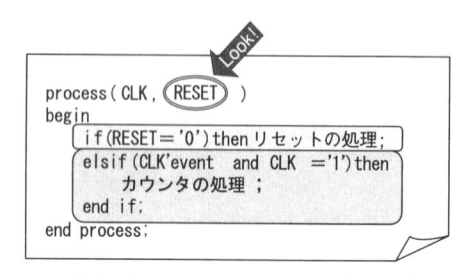

```
process( CLK , (RESET) )
begin
    if(RESET='0') then リセットの処理;
    elsif (CLK'event and CLK ='1') then
        カウンタの処理 ;
    end if;
end process;
```

非同期リセット回路（カウンタ処理とは別）

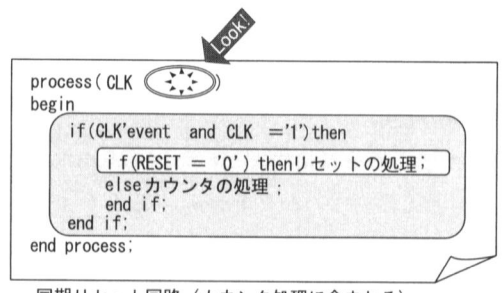

```
process( CLK )
begin
    if(CLK'event and CLK ='1') then
        if(RESET = '0') then リセットの処理;
        else カウンタの処理 ;
        end if;
    end if;
end process;
```

同期リセット回路（カウンタ処理に含まれる）

図27　リセット回路の種類

目的に応じて使い分けることになりますが、一般的には同期リセット回路を採用する場合が多くなっているようです。

(2) 非同期リセット回路のVHDL記述例

図22に示した2進カウンタを例にして、非同期リセット回路を埋め込んでみましょう。まず、process文のセンシティビティリストにRESET入力を追加します。これで、このprocess内の処理は、CLKかRESETのどちらかの入力値が変化すれば起動されることになります（**図28**）。

ここで、process文内は順次処理されますので、先に記述されているリセット回路が最初に処理されます。リセットスイッチを押して、RESET入力が'1'→'0'に変化しprocessが起動したとき、RESET＝'0'の条件が成立するため、リセット回路が動作（BIN4＜＝"0000"）します。

リセットスイッチを離したときの変化'0'→'1'によってもprocessは起動しますが、RESET入力が'1'となっているため、条件不成立となりリセット

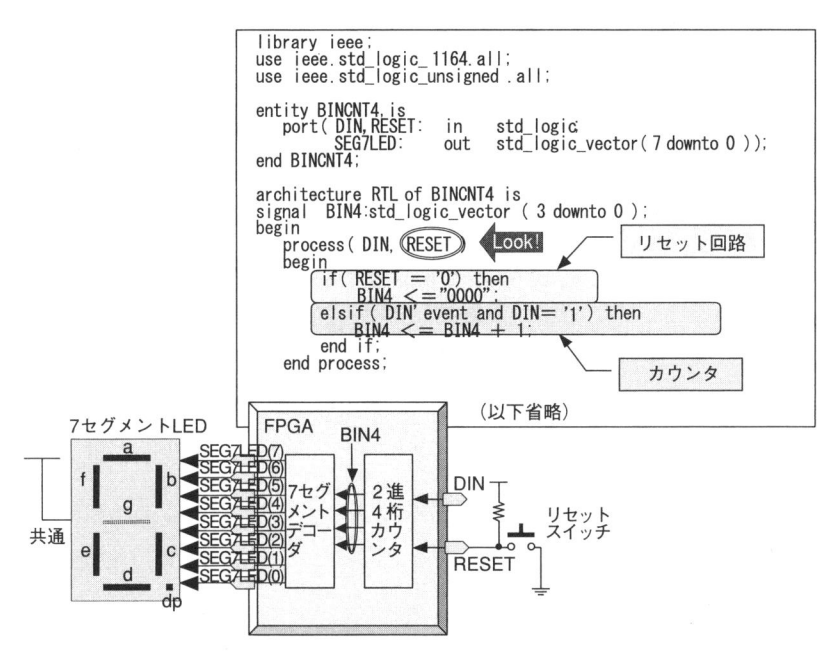

```
library ieee;
use ieee.std_logic_1164.all;
use ieee.std_logic_unsigned.all;

entity BINCNT4 is
    port( DIN,RESET:   in    std_logic;
          SEG7LED:     out   std_logic_vector( 7 downto 0 ));
end BINCNT4;

architecture RTL of BINCNT4 is
signal  BIN4:std_logic_vector ( 3 downto 0 );
begin
    process( DIN, RESET )          ← Look!     ─ リセット回路
    begin
        if( RESET = '0' ) then
            BIN4 <= "0000";
        elsif( DIN' event and DIN= '1' ) then
            BIN4 <= BIN4 + 1;                  ─ カウンタ
        end if;
    end process;
                          (以下省略)
```

図28　非同期リセット回路を採用した2進数4桁カウンタ

回路が動作しません。同様に、CLK入力が変化してprocessが起動した場合においても、その時のRESET入力の値に対して条件判断処理が行われることになります。

　RESET入力の条件判断は、エッジ検出（eventキーワード使用）ではなくレベル検出となっているため、リセットスイッチを押している間に、CLK入力が変化すると、リセット処理が動作することになります。しかし、リセット動作の目的に、支障はないでしょう。

　VHDLでは、1つのprocess文中において、複数のエッジ検出を記述することが許されていません。使い分けが必要です。

(3) 同期リセット回路のVHDL記述例

　ここでも、2進カウンタを例にして、同期リセット回路を埋め込んでみましょう（図29）。

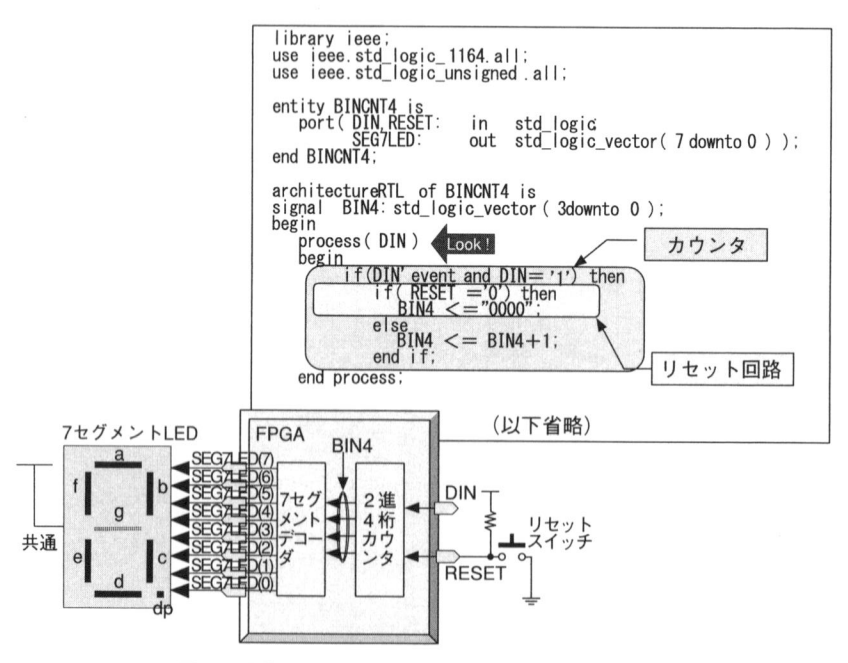

```
library ieee;
use ieee.std_logic_1164.all;
use ieee.std_logic_unsigned.all;

entity BINCNT4 is
    port( DIN,RESET:   in  std_logic;
          SEG7LED:     out std_logic_vector( 7 downto 0 ));
end BINCNT4;

architecture RTL of BINCNT4 is
signal   BIN4: std_logic_vector( 3 downto 0 );
begin
    process( DIN )
    begin
        if(DIN' event and DIN ='1') then
            if( RESET ='0') then
                BIN4 <="0000";
            else
                BIN4 <= BIN4+1;
            end if;
        end if;
    end process;
```
（以下省略）

図29　同期リセット回路を採用した2進数4桁カウンタ

RESET入力がセンシティビティリストから外されていますので、RESET入力が変化したとしてもprocessが起動されることはありません。

　一方、DINが変化して、立ち上がりエッジを検出した場合には、まずカウンタ処理が行われ、続いて2番目のif then else構文によってRESET入力のレベル検出が行われます。このタイミングで、RESET入力が'0'であれば、リセット回路が動作することになります。

　このように、同期リセット回路の場合には、RESET入力単独の変化だけでは、リセット動作が行われないことになります。したがって、processのセンシティビティリストにRESETを含める必要はありません。

4. 2桁に改造する

　同じ回路を複数個使用する場合、VHDLではその個数分の記述をしなければなりません。しかし、完全に同じ内容のものを何回も記述するというのは、作業としては単にコピーすればすむことですが、効率的とは言えません。これを解決するための手法として、component文とport map文による階層設計が有効です。一度作った回路を、部品として再利用することができます。

階層設計とは

　VHDL記述が、パッケージ呼び出し部、entity部、architecture部などによって構成されるのが基本となっていることについては、35ページの図20で紹介したとおりです。また、この構成による記述例を、これまでにいろいろと紹介してきました。

　ところが、このような構成で記述した回路を、部品として呼び出して利用することにより、さらに複雑で大規模な回路を、わかりやすく効率的に記述することが、VHDL記述では可能です（**図30**参照）。ここで、前者の基本的な記述を「下位階層」、その下位階層を部品として呼び出すことを含む記述を「上位階層」といいます。いずれの階層においても、パッケージ呼び出し部、entity部、architecture部などによって構成されることは同じです。

　また、よく利用される回路などをライブラリとしてまとめたものが、有償や無償でデバイスメーカやサードパーティなどから提供されています。これらの活用や、自分自身によるライブラリの蓄積を図ることが、VHDLによる回路設計を効率的に行うことにつながると思われます。

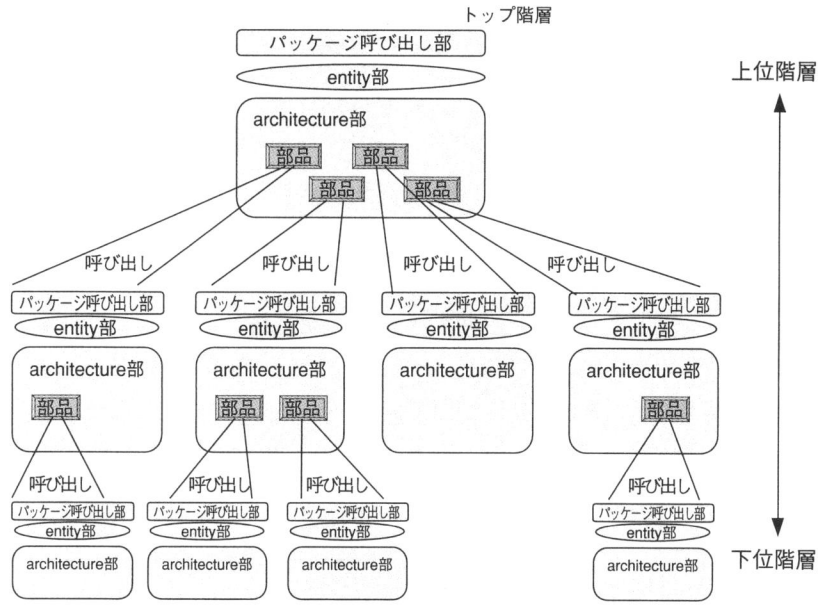

図30 階層設計のイメージ

component文とport map文

　これまでに紹介してきましたVHDL記述を、下位階層として呼び出して利用するには、下位階層のVHDL記述中のentity部を、component文として書き換えて、上位階層のarchitecture部の最初の部分（beginの前）に定義しなければなりません。

　具体的には、entityキーワードをcomponentキーワードに、end エンティティ名を end componentに、それぞれを書き換えるとともに、中間のport文をコピーします。

```
component　利用するコンポーネント名
    port (entity部からコピー) ;
end component;
```

これにより、利用する部品の入出力信号並びを、定義することができました。
そして、実際に上位階層において利用する(インスタンス化するという)には、port map文を用いて以下のように記述します。

インスタンス名：コンポーネント名　port map (入出力信号並び)；

インスタンス名としては、何を書いても（ただし識別子として許されている範囲）よいのですが、省略することはできません（**図31**）。

入出力信号並びの書き方には2種類あり、component文で記述した信号名と実際に使用する信号名をペアに並べて記述する方法と、実際に使用する

コンポーネント：ABC

```
library ieee;
use ieee.std_logic_1164.all
```

```
entity ABC is
    port(.........);
end ABC;
```

```
architecture RTL of ABC is
begin
    ...................
end RTL ;
```

下位階層

コンポーネント：XYZ

```
library ieee;
use ieee.std_logic_1164.all
```

```
entity XYZ is
    port(.........);
end XYZ;
```

```
architecture RTL of XYZ is
begin
    ...................
end RTL ;
```

下位階層

回路：STU　　トップ階層

```
library ieee;
use ieee.std_logic_1164.all
use ieee.std_logic_unsignedall;
```

```
entity STU is
    port(.........);
end STU ;
```

```
architecture RTL of STU is
    component ABC is
        port(...........);
    end component;
    component XYZ is
        port(...........);
    end component;
begin

    U1:ABC port map( ........);
    U2:XYZ port map( ........);

end RTL ;
```

書き換え　　部品として利用

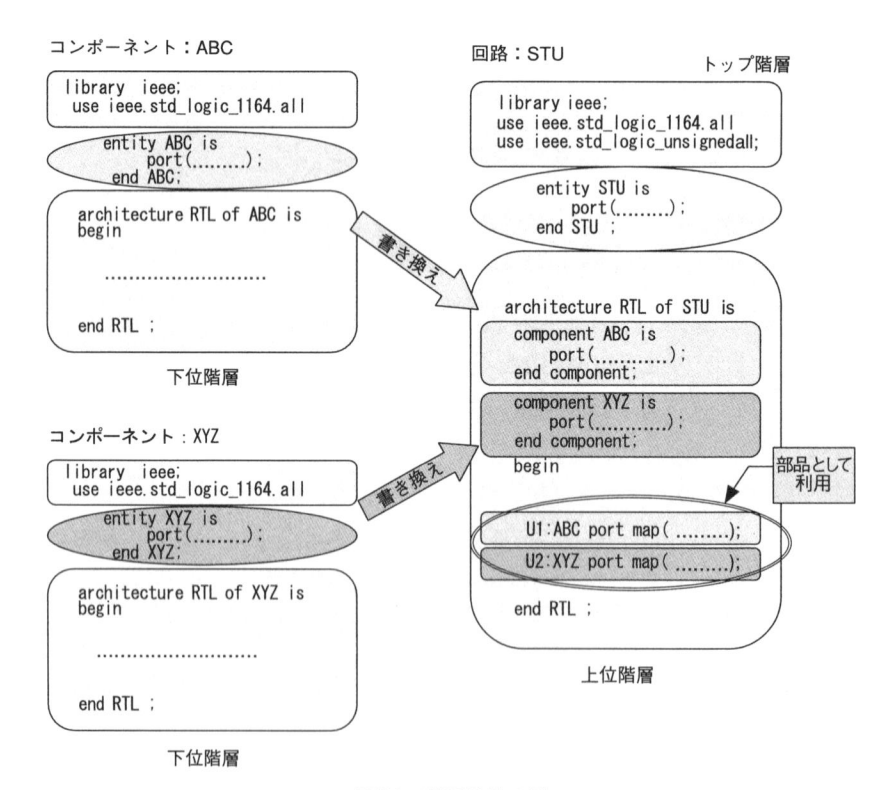

上位階層

図31　階層設計の例

信号のみを記述して、対応関係はcomponent文での記述順とする方法です。具体例は、以降の記述例を参照してください。

VHDLによる階層設計例

(1) 10進数1桁カウンタ

階層設計の簡単な例として、**図32**に示すような3つのコンポーネント（チャッタリング除去、10進カウンタ、7セグメントデコーダ）からなる10進1桁カウンタを取り上げます。3つのコンポーネントは、これまでに類似した回路を何度か紹介していますので、これらを基にコンポーネント化し、トップ階層から部品として利用してみましょう。

チャッタリング除去回路は、図19で紹介したVHDL記述が、そのままコンポーネントとして利用できます。**図33**のVHDL記述では、入出力ポートの名称と並び順を変更してありますが、特に意味はありません。

10進カウンタは、図23に紹介したVHDL記述を基に、桁上げと非同期リセット回路を追加したものを**図34**に示します。

7セグメントデコーダは、図14で紹介したVHDL記述を基に、dp（小数点）を独立させて利用できるように修正しました。

以上で、3つのコンポーネントが準備できましたので、今度はトップ階層

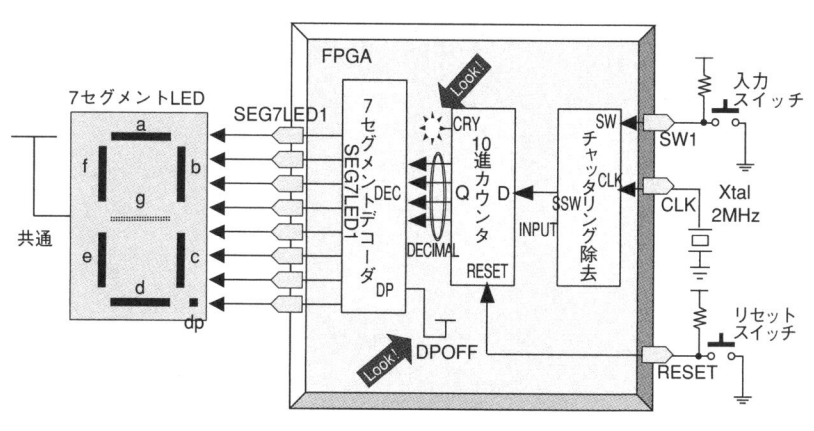

図32　10進数1桁カウンタの構成

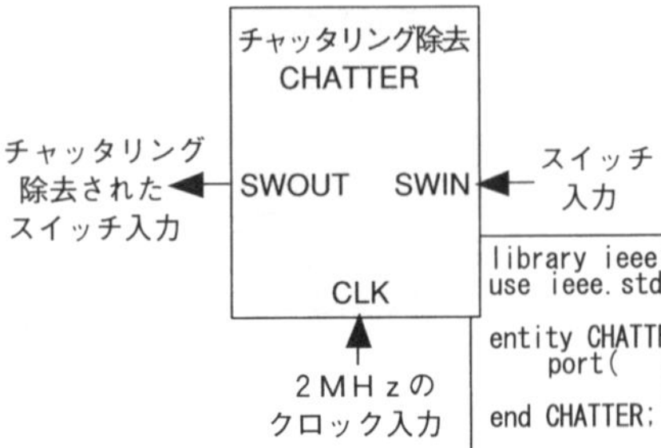

```
library ieee;
use ieee.std_logic_1164.all;

entity CHATTER is
    port( SWIN, CLK:  in  std_logic;
          SWOUT:      out std_logic );
end CHATTER;

architectureRTL of CHATTER is
    signal CHATT : std_logic_vector(3 downto 0);
    signal CNT   : integer range 0 to 1999;
begin
process (CLK) begin
    if (CLK'event and CLK ='1') then
        if (CNT = 1999) then
            CNT   <= 0;
            CHATT <= CHATT (2 downto 0) & SWIN;
        else
            CNT <= CNT + 1;
        end if;
    end if;
end process;

SWOUT<=CHATT(3) or CHATT(2) or CHATT(1) or CHATT(0);

end RTL ;
```

チャッタリング除去 CHATTER
SWOUT ← / SWIN ← スイッチ入力
チャッタリング除去されたスイッチ入力
CLK ← 2MHzのクロック入力

図33 チャッタリング除去回路のコンポーネント化

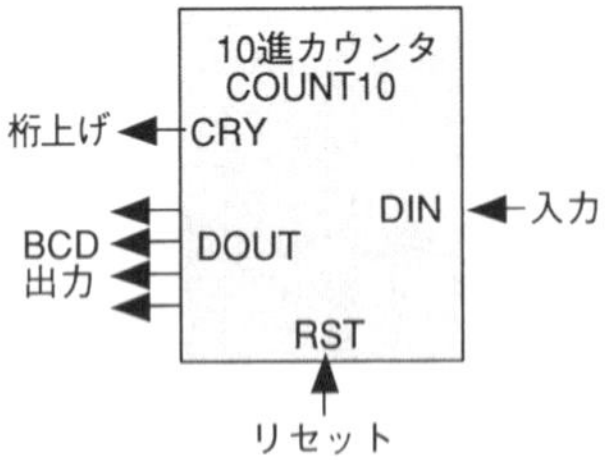

```
library ieee;
use ieee.std_logic_1164.all;
use ieee.std_logic_unsigned.all;

entity COUNT10 is
    port( DIN, RST : in  std_logic;
          DOUT :     out std_logic_vector( 3 downto 0 );
          CRY:       out std_logic );
end COUNT10;

architectureRTL of COUNT10 is
signal CNT : std_logic_vector( 3 downto 0 );
begin

    DOUT <= CNT ;

    process( DIN, RST )
    begin
        if(RST = '0') then
            CNT <= "0000";
            CRY <= '0';
        elsif( DIN'event and DIN = '1') then
            if( CNT = "1001" ) then
                CNT <= "0000";
                CRY <= '1';
            else
                CNT <= CNT + 1;
                CRY <= '0';
            end if;
        end if;
    end process;
end RTL ;
```

10進カウンタ COUNT10
桁上げ ← CRY
BCD出力 ← DOUT
DIN ← 入力
RST ← リセット

図34 10進カウンタ回路のコンポーネント化

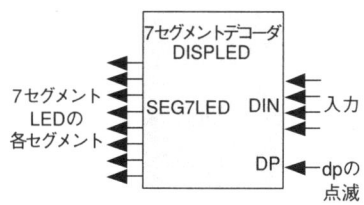

```
library ieee;
use ieee.std_logic_1164.all;

entity DISPLED is
    port( DIN:      in   std_logic_vector( 3 downto 0 );
          DP:       in   std_logic;
          SEG7LED:  out  std_logic_vector( 7 downto 0 ) );
end DISPLED ;

architecture RTL of DISPLED is
begin

    SEG7LED(0) <= DP;

    process( DIN )
    begin
        case DIN is
            when "0000"  => SEG7LED(7 downto 1) <= "0000001"; --0
            when "0001"  => SEG7LED(7 downto 1) <= "1001111"; --1
            when "0010"  => SEG7LED(7 downto 1) <= "0010010"; --2
            when "0011"  => SEG7LED(7 downto 1) <= "0000110"; --3
            when "0100"  => SEG7LED(7 downto 1) <= "1001100"; --4
            when "0101"  => SEG7LED(7 downto 1) <= "0100100"; --5
            when "0110"  => SEG7LED(7 downto 1) <= "0100000"; --6
            when "0111"  => SEG7LED(7 downto 1) <= "0001101"; --7
            when "1000"  => SEG7LED(7 downto 1) <= "0000000"; --8
            when others  => SEG7LED(7 downto 1) <= "0000100"; --9
        end case;
    end process;
end RTL ;
```

図35　7セグメントデコーダ回路のコンポーネント化

のVHDL記述を行います（図36）。ここでのentity部のport文による入出力信号の宣言は、FPGAに付けるピン名称に相当します。architecture部の最初の部分で、準備した3つのコンポーネントのentity部の記述を、component文によって書き換え、各コンポーネントの入出力信号を定義します。これらが、FPGAのピン名称と関係ないことは、説明を要しないでしょう。

続けて、コンポーネント間を接続するための配線を、signal文を用いて宣言します。beginから先が、architecture記述の本体です。ここでは、3つのコンポーネントにそれぞれU1、U2、U3の3つのインスタンス名を付けて、port map文でインスタンス化します。

さて、ここで入出力信号での記述法について説明しましょう。U1:CHATTERでは、component宣言した入出力信号と内部配線用の信号名との対応関係を

```
library ieee;
use ieee.std_logic_1164.all;

entity COUNT10TOP is
  port( CLK, SW1, RESET:  in    std_logic;
        SEG7LED1:         out   std_logic_vector ( 7 downto 0 ));
end COUNT10TOP;

architecture RTL of COUNT10TOP is
signal INPUT0, INPUT1, DPOFF:   std_logic;
signal DECIMAL:                 std_logic_vector ( 3 downto 0 );

  component CHATTER is
    port(   SWIN, CLK:   in    std_logic;
            SWOUT:       out   std_logic );
  end component;

  component COUNT10 is
    port( DIN, RST: in   std_logic;
          DOUT:     out  std_logic_vector ( 3 downto 0 );
          CRY:      out  std_logic);
  end component;

  component DISPLED is
    port( DIN:      in   std_logic_vector ( 3 downto 0 );
          DP:       in   std_logic;
          SEG7LED:  out  std_logic_vector ( 7 downto 0 ));
  end component;

begin
  DPOFF  <= '1';

  U1: CHATTER port map( CLK =>CLK , SWOUT =>INPUT0,  SWIN  =>SW1 );

  INPUT1 <= not INPUT0;   Look!

  U2: COUNT10 port map( INPUT1, RESET, DECIMAL, open );

  U3: DISPLED port map( DECIMAL, DPOFF, SEG7LED1);
end RTL;
```

図36　10進数1桁カウンタのトップ階層の記述例

=> で示す方法を採用した例です。したがって、この場合には、対応関係さえあっていれば、並び順は自由です。つぎのU2:COUNT10とU3:DISPLEDでは、component宣言での入出力信号の並び順に、内部信号名のみを並べる方法です。

また、今回の例では、U2:COUNT10の桁上げ信号を使用していませんので、その部分にはopenキーワードを記述することになっています。さらに、U3:DISPLEDでは、dpを消灯状態に固定するため、'1'を接続したいのですが、入出力信号並びに'1'を記述することが許されていません。そこで、signal文によって宣言した内部配線DPOFFに'1'を代入しておいたものを利用します。

もう1つ、スイッチを押したときにカウントが上がるように、チャタリ

ング除去後に信号を反転（INPUT 1 <= not INPUT 0 ;）させています。その理由は、それを入力するカウンタU2で、立ち上がりを検出するようになっているからです。

これで、トップ階層の記述が終了したので、以下のようにして論理合成ツールでコンパイル処理を行うのが一般的です。3つのコンポーネントのVHDL記述に続けて、トップ階層のVHDL記述を順に並べて1つのVHDLファイルとし、論理合成ツールでコンパイル処理します。

または、トップ階層のVHDLファイルが格納されているのと同じディレクトリに、それぞれのコンポーネント単位のVHDLファイルを集合させて格納しておき、トップ階層のVHDLファイルを論理合成ツールでコンパイル処理します。すると、自動的に必要なコンポーネントのVHDLファイルが呼び出され、コンパイル処理されることになります。

これらの詳細については、使用するVHDL開発環境に従ってください。

(2) 10進数2桁カウンタ

階層設計の例を、もう1つ紹介しましょう。部品の再利用が有効であるこ

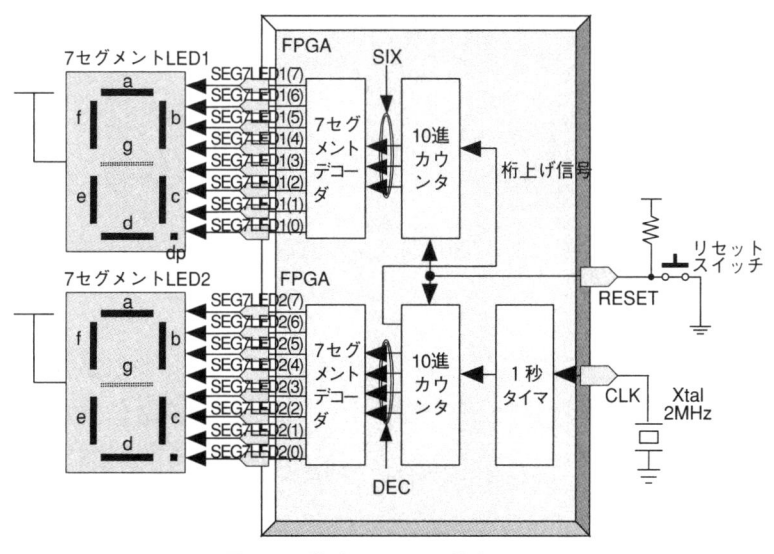

図37　10進2桁カウンタの構成

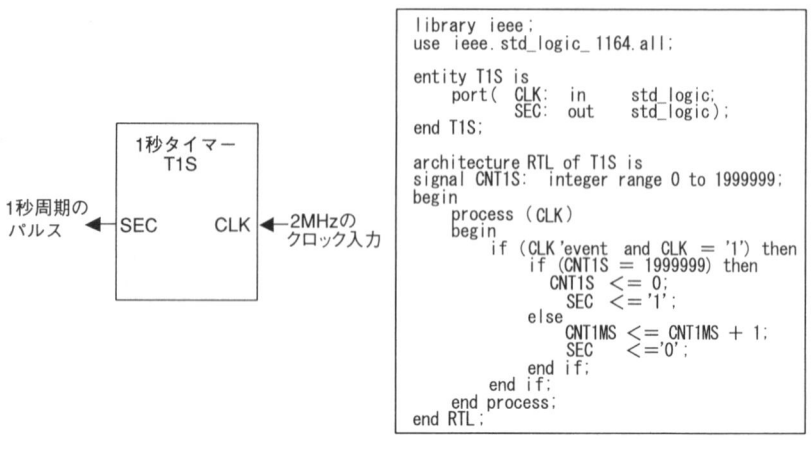

```
library ieee;
use ieee.std_logic_1164.all;

entity T1S is
    port( CLK:  in   std_logic;
          SEC:  out  std_logic);
end T1S;

architecture RTL of T1S is
signal CNT1S:  integer range 0 to 1999999;
begin
    process (CLK)
    begin
        if (CLK'event and CLK = '1') then
            if (CNT1S = 1999999) then
                CNT1S <= 0;
                SEC   <= '1';
            else
                CNT1MS <= CNT1MS + 1;
                SEC    <='0';
            end if;
        end if;
    end process;
end RTL;
```

1秒タイマー T1S
1秒周期のパルス ← SEC
CLK ← 2MHzのクロック入力

図38 1秒タイマー回路のコンポーネント化

```
library ieee;
use ieee.std_logic_1164.all;

entity COUNT99TOP is
    port( CLK, RESET:         in   std_logic;
          SEG7LED1, SEG7LED2: out  std_logic_vector( 7 downto 0 ));
end COUNT99TOP;

architecture RTL of COUNT99TOP is
signal  INPUT, DPOFF, CRY10:   std_logic
signal  DECIMAL, DECIMAL10:    std_logic_vector( 3 downto 0 );

    component T1S is
        port( CLK:  in   std_logic;
              SEC:  out  std_logic);
    end component;

    component COUNT10 is
        port( DIN, RST:  in   std_logic;
              DOUT:      out  std_logic_vector( 3 downto 0 );
              CRY:       out  std_logic);
    end component;

    component DISPLED is
        port( DIN:     in   std_logic_vector( 3 downto 0 );
              DP:      in   std_logic;
              SEG7LED: out  std_logic_vector( 7 downto 0 ));
    end component;

begin
    DPOFF <= '1';

    U1: T1S port map( CLK => CLK, SEC => INPUT );

    U2: COUNT10 port map( INPUT, RESET, DECIMAL, CRY10 );
    U3: COUNT10 port map( CRY10, RESET, DECIMAL10, open );

    U4: DISPLED port map( DECIMAL,   DPOFF, SEG7LED1);
    U5: DISPLED port map( DECIMAL10, DPOFF, SEG7LED2);

end RTL ;
```

図39 10進数2桁カウンタのトップ階層の記述例

とを示すために、1つのコンポーネントを複数回使用する例としたいために、直前に紹介した10進数1桁カウンタを2桁にしてみましょう（**図37**参照）。ただし、動作確認のためにスイッチを押し続けるのでは疲れそうなので、入力を1秒タイマーに変更しました。

さて、あらたにコンポーネント化しなければならない回路としては、1秒タイマーのみです。1秒タイマーのVHDL記述は、図25で紹介したものを基にしています（**図38**）。

トップ階層のVHDL記述例としては、**図39**のようになります。前例のトップ階層の記述例から、チャタリング除去回路のcomponent文を取り去り、代わりに1秒タイマーのcomponent文を挿入しました。

architecture本体の記述も、2行増えただけで、すっきりしています。U2とU3、U4とU5は、それぞれが同じコンポーネントを用いていることがわかるでしょう。ただし、FPGA内では、それぞれの個数分のコンポーネントが独立して作り込まれることになるということは、言うまでもありません。

パッケージ呼び出し

(1) パッケージの種類

これまでは、おまじないとしてVHDL記述の先頭部分に記述してきましたパッケージ呼び出し部について、ここであらためて説明しておきましょう。

VHDLでは、記述に必要なデータ型や演算子などに関する定義が、パッケージに納められて提供されています。それらは、IEEE標準ライブラリと呼ばれ、いろいろな標準定義済みパッケージに分けられています（**図40**）。どの定義を利用するのかによって、呼び出すパッケージが決まることになります。

それぞれのパッケージには、複数項目が宣言されているため、パッケージを呼び出す際には、それらのすべてを利用可能として呼び出すのか、それとも特定の項目のみを利用可能とするのかを指定します。

また、パッケージは、標準規格の他、デバイスメーカが提供するもの、サードパーティが提供するものなどがあります。さらには、IPと呼ばれる種々のコンポーネントの流通が始まっています。これらを用いることによ

```
◆ IEEE標準ライブラリ：std
    standard            bit、bit_vectorなどのVHDL標準データ型が定義されている
◆ IEEE標準ライブラリ：ieee
    std_logic_1164      std_logic、std_logic_vectorなどの論理データ型が定義されている
    numeric_std         std_logic_1164の演算子が定義されている
    std_logic_arith     符号付、符号なしデータ型と関連した演算子が定義されている
    std_logic_signed    std_logic、std_logic_vector用の符号付演算子が定義されている
    std_logic_unsigned  std_logic、std_logic_vector用の符号なし演算子が定義されている

◆ デバイスメーカが提供するもの：altera（アルテラ社の場合）
    maxplus2    すべてのアルテラマクロファンクションに対するコンポーネント宣言が
                定義されている

◆ サードパーティが提供するもの：lpm
    lpm_components   アルテラ社デバイス用のLPMファンクションが定義されている
```

図40　ライブラリ例と含まれるパッケージ

り、VHDLによる階層設計が進むことになり、回路記述の効率化と開発期間の短縮が期待されます。

(2) 利用例

パッケージを利用するには、そのパッケージが含まれているライブラリの指定を、library文によりまず行い、続けてuse文により利用するパッケージの指定を行います。

```
library  ライブラリ名；
use  ライブラリ名. パッケージ名. 宣言項目；
```

宣言項目は、特定のコンポーネントを1つだけ指定することも可能ですが、通常はallとし、すべてを利用可能としておきます。

パッケージに登録されているコンポーネントを利用する場合には、直接port map文だけを用いて記述することができます。component文による入出力信号並びの宣言は、パッケージ内に記述済みです。

図41で紹介した記述の場合には、alteraというライブラリの中の

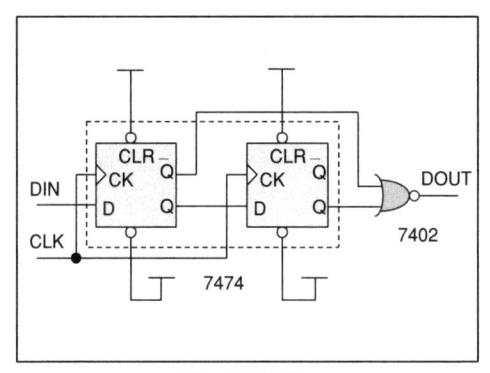

従来の回路記述

```
library ieee;
use ieee.std_logic_1164.all;
library altera;
use altera.maxplus2.all;

entity CTRL is
    port(DIN, CLK :    in     std_logic;
         DOUT :        out    std_logic);
end CTRL;

architecture RTL of CTRL is
signal Q1, Q2, NQ1, NQ2, H: std_logic ;
begin

    H <= '1';

    U1:a_7474 port map ( a_1prn  => H,    a_1clrn => H,
                         a_1clk  => CLK,  a_1d    => DIN,
                         a_2prn  => H,    a_2clrn => H,
                         a_2clk  => CLK,  a_2d    => Q1,
                         a_1q    => Q1,   a_1qn   => NQ1,
                         a_2q    => Q2,   a_2qn   => NQ2 );

    U2:a_7402 port map ( a_2 => NQ1, a_3 => Q2,
                         a_1 => DOUT  );

end   RTL ;
```

図41 デバイスメーカが提供するパッケージの利用例

maxplus2パッケージを利用したときの記述例です。実は、ライブラリ名は、パッケージの格納されているディレクトリ名になっているので、alteraというディレクトリの中にmaxplus2.vhdというパッケージファイルが存在し、そのなかでa_7474やa_7402に関するcomponent文の記述があります。入出力信号並びを知るためのも、このファイルの存在を確認しておくことが必

要です。

　a_7474やa_7402は、かつてディジタル回路を構築する場合になくてはならない存在だったTexas Instruments社の74シリーズと呼ばれるTTL-ICで、そのほとんどがこのパッケージに収まっています。したがって、従来方式の回路図を基に、VHDL記述を行うことは至って簡単です。

　自分で作成したVHDL記述をパッケージにすることも可能ですが、本書での紹介は省略します。

5. ストップウォッチにまとめる

　これまでに説明してきたVHDL記述の集大成として、ストップウォッチにまとめてみましょう。というより、このストップウォッチを記述するために必要となるVHDL記述についてのみを取り上げて説明してきたというのが本音です。

　本書の目的は、VHDL全体を紹介することではありません。まえがきにも記したとおり、ストップウォッチを記述することを疑似体験することによって、VHDLに少しでも興味を持っていただければ、本書の目的は達成されたといってよいでしょう。

　以上のような理由で、この節が本書のクライマックスです。

ストップウォッチの回路構成

(1) ストップウォッチの仕様

　それではいよいよ本書の目的であるストップウォッチの記述に取りかかりましょう。まずは、開発しようとしているストップウォッチの仕様を、以下に示します。

・モードと測定範囲：High　→　0〜0.99m秒（0.01秒単位）
　　　　　　　　　　Mid 　→　0〜9.9m秒（0.1秒単位）
　　　　　　　　　　Low 　→　0〜99秒（1秒単位）
・スタート／ストップスイッチ：押すたびに測定／停止を切り替える
・リセット：測定値をゼロクリヤする
・表　　示：7セグメントLED　2桁

　ストップウォッチの構成は**図42**のようになります。ここで、二重線で示

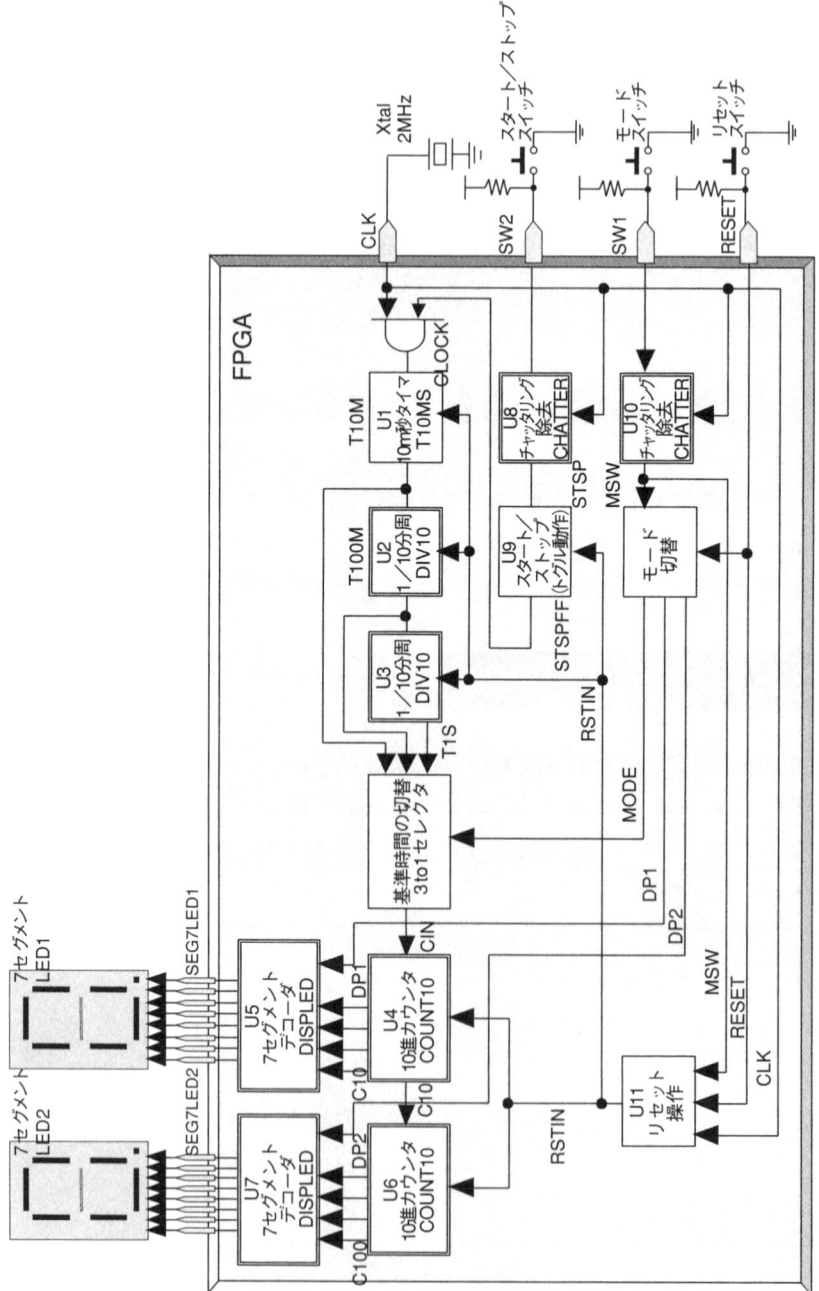

図42 ストップウォッチの構成

したブロックは、すでにコンポーネント化がすんでいるものです。また、基準時間の切替回路と論理記号で書かれている部分は、機能が簡単なためトップ階層の記述中で同時処理文を用いて記述することにします。

(2) コンポーネント化

それでは、残された部分のコンポーネント化を進めましょう。まずは、10m秒タイマーですが、これまでに類似したVHDL記述をいくつか紹介しています。図16の500m秒タイマー、図19のチャタリング除去回路、図25の1秒タイマー、図33のチャタリング除去回路のコンポーネント化、図38の1秒タイマーのコンポーネント化などがあります。それらを参照して記述したのが**図43**に示すVHDL記述です。

これに良く似た記述で、1/10分周回路のコンポーネント化が行えます。**図44**に示したVHDL記述を見てください。ポート名や信号名は異なっていますが、処理内容的にはどこが違うのかを見つけるのが難しいくらいに良く似ています。実はCNTの扱える範囲の指定が異なっています。10m秒カ

```
library ieee;
use ieee.std_logic_1164.all;

entity T10MS is
    port( TIN, RST  :   in    std_logic;
          TOUT      :   out   std_logic );
end T10MS;

architecture RTL of T10MS is
signal CNT : integer range 0 to 19999;
begin
    process (TIN, RST)
    begin
        if(TIN'event and TIN ='1') then
            if( RST = '0') then
                CNT  <= 0;
                TOUT <= '0';
            elsif(CNT = 19999) then
                CNT  <= 0;
                TOUT <= '1' ;
            else
                CNT  <= CNT + 1;
                TOUT <= '0';
            end if;
        end if;
    end process;
end RTL;
```

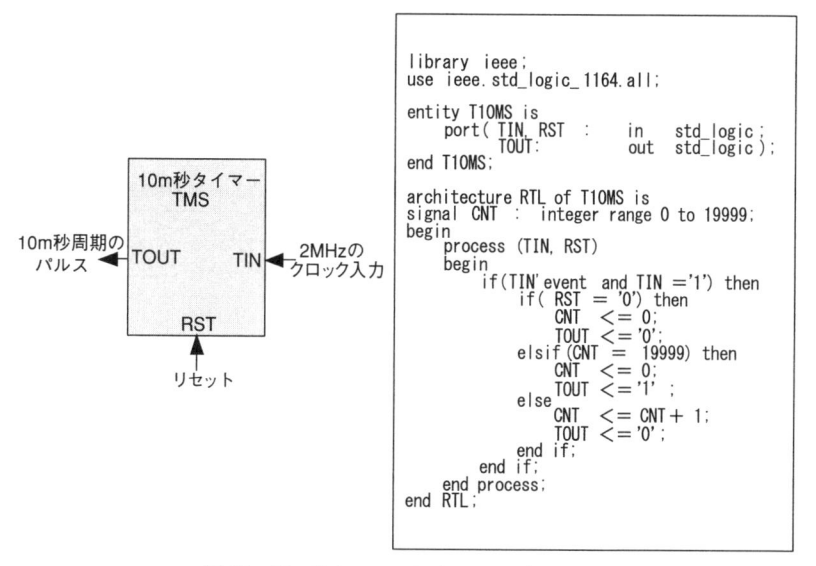

```
10m秒タイマー
    TMS
10m秒周期の ← TOUT   TIN ← 2MHzの
 パルス                    クロック入力
            RST
             ↑
           リセット
```

図43　10m秒タイマー回路のコンポーネント化

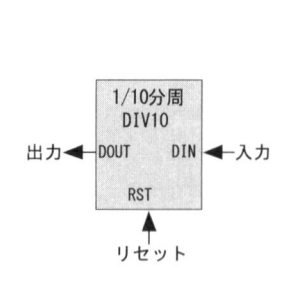

```
library ieee;
use ieee.std_logic_1164.all;

entity DIV10 is
    port(   DIN, RST:   in   std_logic;
            DOUT:       out  std_logic );
end DIV10;

architecture RTL of DIV10 is
signal CNT: integer range 0 to 9;
begin
    process( DIN, RST )
    begin
        if( DIN'event and DIN = '1' ) then
            if( RST = '0' ) then
                CNT  <= 0;
                DOUT <= '0';
            elsif( CNT = 9) then
                CNT  <= 0;
                DOUT <= '1';
            else
                CNT  <= CNT + 1;
                DOUT <= '0';
            end if;
        end if;
    end process;
```

図44 1/10分周回路のコンポーネント化

ウンタでは、2MHzの入力を1／20000分周して100Hz（周期が10m秒）の出力を作り出しています（つまり、10m秒カウンタは1／20000分周回路だったのです）。そのために、CNTの扱える範囲の指定がrange 0 to 19999となっているのです。したがって、1／10分周回路では、CNTの扱える範囲の指定はrange 0 to 9でよいのです。以上の変更にともなって、elsifの行の記述も違ってきますが、説明は要しないでしょう。

　スタート／ストップ回路の記述は、スタート／ストップスイッチを押すたびに、STSPFFの値を反転させています。このストップウォッチは、STSPFFの値が'1'のときスタート（動作）、'0'のときストップ（停止）します。図45のVHDL記述は、トグル動作をする典型的なフリップフロップで、非同期リセット回路を含んでいます。リセット動作時には、STSPFFの値を'0'とし、ストップ状態にしています。

　このSTSPFFは、トップ階層において、外部基準クロックを内部回路へ伝

えるかどうかを決めるスイッチング回路で使用します。

　リセット処理としては、10進カウンタの値をゼロクリヤするとともに、動作をストップ状態にします。また、このリセット処理は、リセットスイッチを押したときの他、モードスイッチを押して動作モードを変更したときにも必要となります。そのため、リセットスイッチとモードスイッチのどちらが押されても、内部回路用のリセット信号が有効となるようにする

```
library ieee;
use ieee.std_logic_1164.all;

entity STATSTOP is
    port( DIN, RST :  in   std_logic;
          STSP :      out  std_logic );
end STATSTOP ;

architecture RTL of STATSTOP is
signal STFF : std_logic ;
begin
    STSP <= STFF ;

    process ( DIN, RST )
    begin
        if (RST = '0') then
            STFF <= '0';
        elsif ( DIN 'event and DIN= '0') then
            STFF <= notSTFF ;
        end if;
    end process;
end RTL;
```

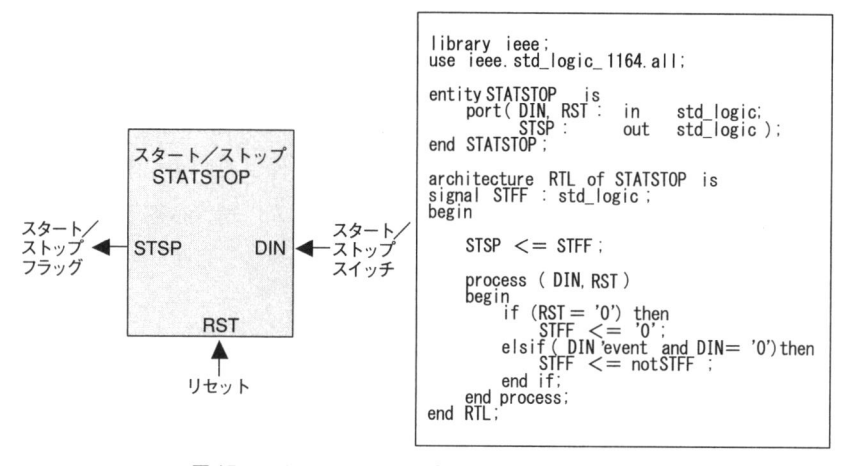

図45　スタート／ストップ回路のコンポーネント化

```
library ieee;
use ieee.std_logic_1164.all;

entity RESETIN is
    port( CLK, RST, MODE:  in   std_logic;
          ROUT:            out  std_logic);
end RESETIN ;

architecture RTL of RESETIN is
begin
    process (CLK)
    begin
        if (CLK 'event and CLK = '1') then
            if (RST  '0' or MODE '0') then
                ROUT <= '0';
            else
                ROUT <= '1';
            end if;
        end if;
    end process;
end RTL ;
```

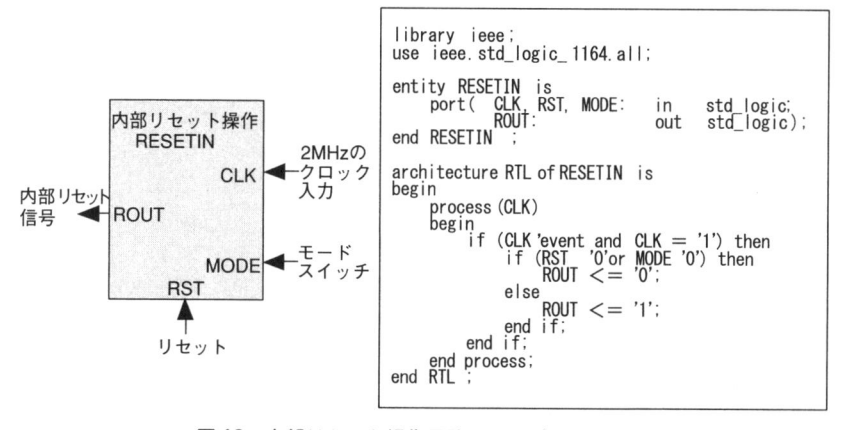

図46　内部リセット操作回路のコンポーネント化

ステートマシンとは

今回のストップウォッチでは、モードスイッチを押すたびに測定の基準となる時間を切り替えることにより、HIGH（0〜0.99、0,01秒単位）、MID（0〜9.9秒、0.1秒単位）、LOW（0〜99秒、1秒単位）の3つの測定モードを持っています。この動作は、**図47**のような状態遷移図で表すことができます。3つの状態間を、MODE信号の立ち下がりエッジ（モードスイッチを押したとき）が発生するたびに、移っていくことを表しています。

このように、何らかの信号のエッジで回路の動作状態が変化するような回路のことを、ステートマシンと呼びます。そして、動作状態を表す変数

```
type STAT is ( HIGH, MID, LOW );
signal MODE: STAT;

process( MSW, RESET )
begin
    if( RESET='0') then
        MODE <= LOW; DP <= '1'; DP2 <= '0';
    elsif (MSW'event and MSW= '0' ) then
        case MODE is
            when LOW  => MODE <= MID;  DP1 <= '0'; DP2 <='1'
            when MID  => MODE <= HIGH; DP1 <= '1'; DP2 <='0'
            when HIGH => MODE <= LOW;  DP1 <= '1'; DP2 <='1'
        end case;
    end if;
end process;
```

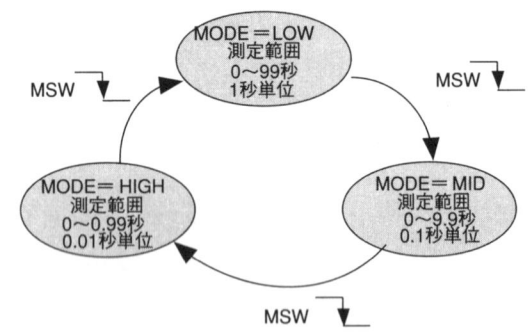

図47　ストップウォッチの動作モード遷移

(図ではSTAT) のことを、状態変数と呼びます。

VHDLでは、type文を用いることにより、任意の値のみを持つデータ型を宣言することができます。使い方は以下のようにします。

---
　　　　type データ型名 is (ステート名1、ステート名2、...ステート名n);

ステートマシンを記述する場合に、このデータ型の状態変数とcase when構文との組み合わせを使用すると最適です。図48では、HIGH、MID、LOW

```
library ieee;
use ieee.std_logic_1164.all;
entity STOPWATCH is
    port( CLK, SW1, SW2, RESET:      in   std_logic;
          SEG7LED1, SEG7LED2:        out  std_logic_vector( 7 downto 0 ) );
end STOPWATCH;

architecture RTL of STOPWATCH is
type STAT is    ( HIGH, MID, LOW );
signal  MODE:   STAT;
signal  T10M, T100M, T1S, CRY, CIN, RSTIN , DP1, DP2: std_logic;
signal  C10,  C100:        std_logic_vector( 3 downto 0 );
signal  STSP , STSPFF, CLOCK, MSW : std_logic     ;
component T10MS is
    port( TIN, RST   : in    std_logic;
          TOUT:        out   std_logic );
end component;
component DIV10 is
    port( DIN, RST   : in    std_logic;
          DOUT   :     out   std_logic );
end component;
component COUNT10 is
    port( DIN, RST   : in    std_logic;
          DOUT :       out   std_logic_vector( 3 downto 0 );
          CRY:         out   std_logic );
end component;
component DISPLED is
    port( DIN:         in    std_logic_vector( 3 downto 0 );
          DP:          in    std_logic ;
          SEG7LED:     out   std_logic_vector( 7 downto 0 ) );
end component;
component CHATTER is
    port( SWIN, CLK  : in     std_logic;
          SWOUT   :     out    std_logic  );
end component;
component RESETIN   is
    port( CLK, RST, MODE: in     std_logic;
          ROUT:           out    std_logic );
end component;
component STATSTOP     is
    port( DIN, RST   : in    std_logic;
          STSP   :     out   std_logic );
end component;
```

図48　ストップウォッチのトップ階層の記述例

```
begin
    CLOCK <= CLK and STSPFF ;

    U10: CHATTER   port map( SW1, CLK, MSW );
    U8:  CHATTER   port map( SW2, CLK, STSP );
    U11: RESETIN   port map( CLK, RESET, MSW, RSTIN );
    U9:  STATSTOP  port map( STSP, RSTIN, STSPFF );
    U1:  T10MS     port map( CLOCK, RSTIN, T10M );
    U2:  DIV10     port map( T10M, RSTIN, T100M );
    U3:  DIV10     port map( T100M, RSTIN, T1S );

    process(MSW, RESET )  …… モード切替
    begin
        if( RESET='0' ) then
            MODE <= LOW;
            DP1='0';
            DP2='1';
        elsif (MSW'event and MSW ='0' ) then
            case MODE is
                when LOW  => MODE <= MID;  DP1 <='1'; DP2 <= '0';
                when MID  => MODE <= HIGH; DP1 <='1'; DP2 <='1';
                when HIGH => MODE <= LOW;  DP1 <='0'; DP2 <='1';
            end case;
        end if;
    end process;

    with MODE select  …… 基準時間の切替
        CIN <= T1S  when LOW,
               T100M when MID,
               T10M  when HIGH;

    U4: COUNT10  port map( CIN, RSTIN, C10, CRY );
    U5: DISPLED  port map( C10, DP1, SEG7LED1 );
    U6: COUNT10  port map( CRY, RSTIN, C100, open );
    U7: DISPLED  port map( C100, DP2, SEG7LED2 );

end RTL ;
```

図48　ストップウォッチのトップ階層の記述例（つづき）

の3つの値（ステート名）のみを持つSTAT型の状態変数としてMODを宣言し、MODEの立ち下がりエッジで状態遷移図の通りにMODの値を制御しています。yypeで宣言したデータ型の状態変数を用いることにより、case when構文においてothersが不要となるところに注目してください。

　なお、現在のステートを、2つの7セグメントLEDのdpの点灯状態によって、示すように工夫してあります。ちなみに、dpの点灯する位置は、秒の位を示しています。

ストップウォッチ完成！

いよいよ準備が整いました。それでは、トップ階層のVHDL記述を始めることにしましょう。

パッケージ呼び出し部は、これまでのおまじないと同じく2行だけでOKです。トップ階層のentity部は、FPGAのピンに実際に割り付ける入出力ポートの記述になります。一方、下位階層のentity部は、内部回路を構成する部品間の接続に用いるための入出力ポートです。

さて、architecture部の記述に移りますが、回路本体の記述を始める前に、ストップウォッチを構成するのに必要なコンポーネントを、部品として呼び出して利用するために、それぞれのコンポーネントのentity部をcomponent文を使って書き替えることが必要です。これが、入出力信号並びのテンプレートとなります。

続けて、コンポーネント間を内部接続するために、signalによる内部信号の宣言が必要です。しかし、実作業では、回路本体の記述を行いながら、必要に応じて追加して行くという手順になるのが現実的でしょう。

beginキーワードから先は、port map文が並ぶことになりますが、同時処理文のため記述順には何の意味もありません。各文は、1行ずつ独立して、同時並行に処理が行われることになります。VHDLの記述に当たっては、ハードウェアの記述をしているということを常に認識することが必要です。つまり、トップ階層が従来のプリント回路基板であり、それぞれのport map文が、基板の上に載る各ICであると解釈するとわかりやすいでしょう。

図47では、先に示したストップウォッチの構成図に従った順に、一連番号のインスタンス名を付けて記述してあります。今回のストップウォッチをステートマシンとしてとらえたprocess文とcase when構文によって記述しました。また、基準時間の切替回路については、同時処理文のwith select when構文を採用して、3to1セレクタ（3入力から1つを選んで出力する回路）を記しました。

さて、トップ階層ができあがりましたので、すべてのコンポーネントを

トップ階層のVHDLファイルに追加するか、または同一のディレクトリに集合させるかして、コンパイル処理をします。エラーがなくなったら、ピン割り当てなどを行い、できあがったデータをFPGAに書き込み、早速に動作を確認してみてください。

　ちなみに、今回のストップウォッチは、「参考資料」に示した評価用ボード（MAX7128S（ALTERA）使用）に書き込んで、動作確認を行いましたが、『残り10％』というメッセージが出ました。この程度の回路規模が、このデバイスの限界のようです。

　これで、本書のVHDL疑似体験は終了ですが、ご感想はいかがでしたでしょうか？　できるだけ早い機会に、実際に体験してみてください。

Step4
VHDL文法のあらまし

1. 一般的な注意

ここでは、VHDLの文法に関する追加説明と記述例を紹介します。本文をテンポよく一気に読み進んでいけるように、細かな説明やさらなる事例紹介などを本文中から抜き出し、この部分に集めました。

なお、本資料はVHDLの文法を完全に説明するものではありません。また、VHDL記述に関する多くの部分は、使用するVHDL開発環境に強く依存する傾向にあります。したがいまして、実際に使用するVHDL開発環境に付属するマニュアルの記述内容を、本書内容より優先してください。

(1) VHDLの記述スタイル

その特徴はつぎにまとめられます。
- ◆ 一般的にVHDLプログラムは英小文字で書く(大文字と小文字は区別されない)。
- ◆ 字下げはプログラムを見やすくするための表記上の工夫なので採用しなくてもよい(図1)。
- ◆ コメントは、行中の--(ハイフン2個)で始まり、その行末までの1

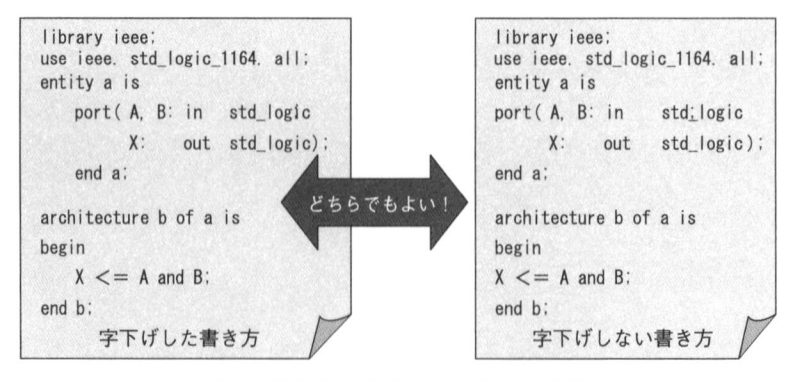

```
library ieee;
use ieee.std_logic_1164.all;
entity a is
    port( A, B: in    std_logic
          X:    out std_logic);
    end a;

architecture b of a is
begin
    X <= A and B;
end b;
        字下げした書き方
```

どちらでもよい！

```
library ieee;
use ieee.std_logic_1164.all;
entity a is
port( A, B: in    std_logic
X:    out std_logic);
end a;

architecture b of a is
begin
X <= A and B;
end b;
        字下げしない書き方
```

図1　字下げした場合と字下げしない場合

行のみ有効。
◆コメントが複数にわたる場合には、それぞれの行の書き出しの前に--が必要となる。
◆空行（何も書かないで改行した行）は無視される。

(2) 識別子のきまり

VHDLの識別子は、1文字以上の文字列で構成されます。識別子の最大文字数は、使用する論理合成ツールに依存しています（規格上は制限なし）。使用できる文字の種類としては、英字（大文字・小文字は区別しない）、数字（0〜9）、記号（_：アンダースコアのみ）が使用可能です（**図2**）。

識別子の最初の文字は必ず英字で始まり、最後に _ は使用できません。さらに、**図3**に示すキーワード（すでにVHDLが使用している文字列：予約語）は、使用できません。これらのキーワードについては、VHDLプログラミングを重ねるうちに、自然と見慣れた単語になってくることから、あえて覚える必要はないでしょう。

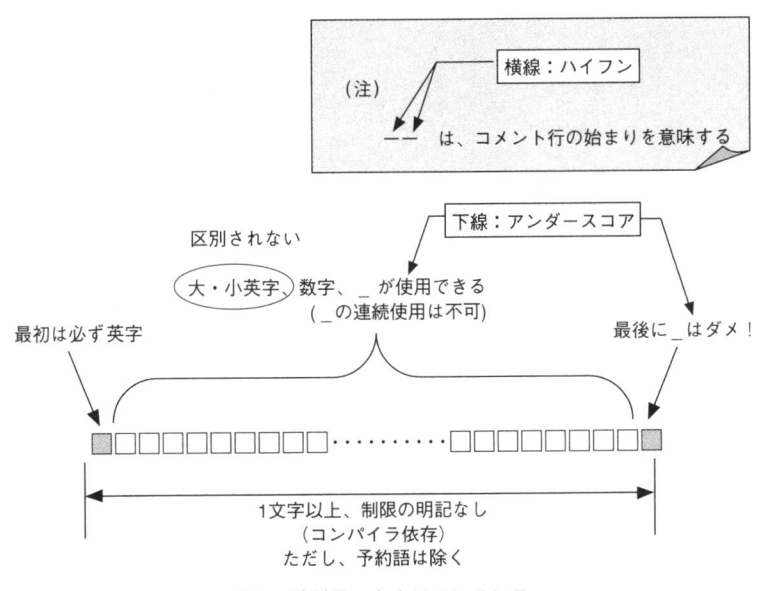

図2 識別子のきまりのいろいろ

abs	access	after	alias	all
and	architecture	array	assert	attribute
begin	block	body	buffer	bus
case	component	configuration	constant	disconnect
downto	else	elseif	end	entity
exit	file	for	function	generate
generic	group	guarded	if	impure
in	inertial	inout	is	label
liblary	linkage	literal	loop	map
mod	nand	new	next	nor
not	null	of	on	open
or	others	out	package	port
postponed	procedure	process	pure	range
record	register	reject	rem	report
return	rol	ror	select	severity
signal	shared	sla	sll	sra
srl	subtype	then	to	transport
type	unaffected	units	until	use
variable	wait	when	while	with
xnor	xor			

図3　VHDLのキーワード（予約語）97個

　＿（下線：アンダースコア）に似ている文字に－（横線：ハイフン）がありますので、間違えないでください。VHDLにおいて、2つの連続したハイフン－－は、それ以降（行末まで）がコメントであると見なされます。

2. VHDLプログラムの基本モデル

　VHDLのプログラムは図4に示すように、大きく3つの部分から成り立っています。以下にそれぞれについて説明していきます。

```
パッケージ呼び出し部（モデルに必要な定義を含むライブラリとパッケージを指定する）
    liblary <ライブラリ名>;
    use <ライブラリ名>.<パッケージ名>.All;
entity宣言部（開発する回路のインタフェースを定義する）
    entity <コンポーネント名> is
        port( <ポートリストを定義> );
    end <コンポーネント名>;
architecture本体部（開発する回路の機能を定義する）
    architecture〈記述方式〉of <コンポーネント名> is
    --ローカル変数、共有変数、データ型、などを宣言する
    別のアーキテクチャとして宣言したコンポーネントを利用して階層構造とする場合
        component〈インスタンス化するコンポーネント名〉
            port (〈entityで定義したポートリスト〉);
        end component;
    begin
        -- 以下のような同時処理文を使用して回路の機能を記述する
        -- 信号代入文
        -- 条件付き文（with select when構文、when else構文）
        -- インスタンス化（port map文　など）

        順次処理を記述する場合
        process(〈センシティビティ・リスト〉)
        --このprocess内でのみ使用するローカル変数、データ型などを宣言する
        begin
        --以下のような順次処理文を使用して順次処理を記述する
            --信号代入文、変数代入文
            --条件付き文（if then else構文、case when構文）
        end process;

        コンポーネントを配置（インスタンス化）する場合
        〈インスタンス名〉:〈コンポーネント名〉
            port map〈ポートリスト〉);
    end〈アーキテクチャ名〉;
```

図4　VHDLプログラムの構成

(1) パッケージ呼び出し部

VHDLによる回路記述で基本となるコンポーネントの記述において、最初に登場する部分がパッケージ呼び出し部です。パッケージとは、データ型やファンクション、よく使用する部品の集まりで、ライブラリとは、他の設計においても利用できるようにするために、あらかじめコンパイルしたパッケージをおく場所を示します。

図5に算術演算処理の記述を行う場合に必要となるパッケージ呼び出しの記述例を示します。はじめの2行、

【書式】

```
library ieee;
use ieee.std_logic_1164.all;
```

は、常に必要となる記述です。すべてのVHDL記述がこの2行から始まります。

```
library ieee;
use ieee.std_logic_1164.all;
use ieee.std_logic_arith.all;
```

ライブラリ宣言

パッケージ呼び出し
allはstd_logic_1164パッケージ内のすべてのアイテムを指定する
(個別のアイテムを指定することも可能)
【例】library DESIGN_LIB;
　　use DESIGN_LIB.EXAM_PACK.D_FF;

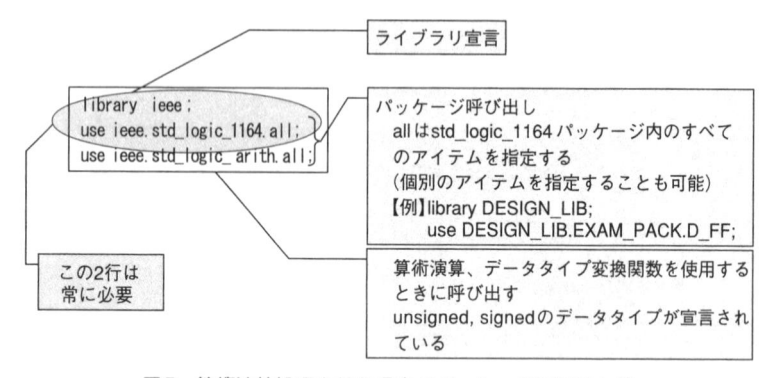

この2行は常に必要

算術演算、データタイプ変換関数を使用するときに呼び出す
unsigned, signedのデータタイプが宣言されている

図5　算術演算処理を行う場合のパッケージ呼び出し例

(2) entity宣言部

●entity文
　・コンポーネントの名前を示す
　・外部および上位階層に対するインタフェースを示す

外部および上位階層のモデル、デバイス、ブロックなどとの接続を示す

入出力ポート宣言を示す
・各入出力ポートの属性（モード）を示す
　　入力専用、出力専用、入出力専用など
・各入出力ポートの型（タイプ）を示す
　　1ビットポート、バス、整数値表記、文字列表記など

【書式】

```
entity コンポーネント名 is
port
(
       ポート名1：属性　型名;
           ・・・・・・・・
       ポート名n：属性　型名         );
end コンポーネント名;
```

⬇

◆ port：入出力ポートの宣言

◆ 属性：入出力の属性を宣言
　　in　　　入力専用モード
　　out　　 出力専用モード
　　inout　 入出力モード（スリーステート）
　　buffer　出力モード（出力を回路内で再利用できる）

◆ 型：ポートのタイプ
　　std_logic　　　　　1本の信号で、9種（'0', '1', 'X', 'Z'など）の論理値をとる
　　std_logic_vector　バス信号（sta_logicタイプの1次元配列）
　　integer　　　　　 整数値表記で、値が一定の時などに使用する

◆ バス信号の記述法
　std_logic_vector（7 downto 0）（MSB）7 6 5 4 3 2 1 0（LSB）
　std_logic_vector（0 to 7）　　（MSB）0 1 2 3 4 5 6 7（LSB）

（3）architecture本体部

● archtecture文
・コンポーネント内部の動作、構造、接続などを定義する
・回路図ライクなストラクチャ記述とC言語ライクなビヘイビア記述などがある

【書式】

```
architecture　記述方式　for　コンポーネント名　is
    -- architecture 内で使用する定数や信号の宣言などを、
       この位置で行う
    -- 構造記述のために必要となるコンポーネント宣言　など
begin
    インスタンス名：エンティティ名 port map (ポートリスト)；   → 構造記述 (structure)

    process (センシティビティリスト)
        プロセス内で使用する内部変数の宣言などを、この位置で行う
    begin
        条件分岐などを用いた順次処理（シーケンシャル)文；       → 動作記述 (behavior)
    end process;

    論値演算を中心とした同時処理（コンカレント）文；          → データフロー記述 (RTL)
end 記述方式；
```

記述方式

⬇

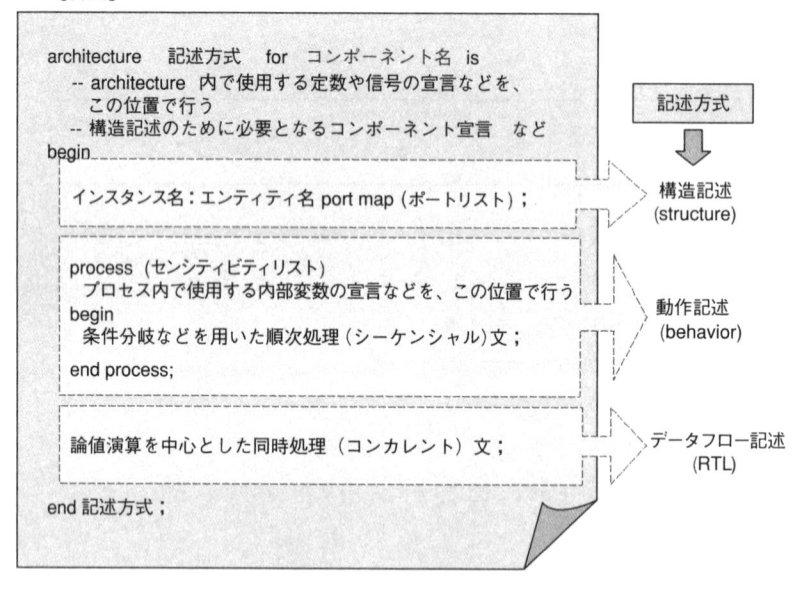

◆ 記述方式（コンパイラによってはチェックしていない）
　　structure　回路図のような記述方式

behavior　C言語のような記述方式

register transfer level　ブール代数のような記述方式

◆ コンポーネント名
　entiry文と合わせる

◆ コンポーネント宣言（コンポーネントの入出力仕様を示す）
　component

◆ コンポーネントインスタンス化（下位階層へのネット情報および動作記述）
　port map

◆ begin ～ end 間の記述は、すべて並列処理される

◆ process ～ end process 間の記述は、順次処理される

(4) architectureの記述方式

①データフロー（Register Transfer Level）記述方式

　データフロー記述は、ブール代数による論理式などを、同時処理文を用いて記述します。真理値表を、そのまま論理式で表したといってもよいで

【特徴】
・レジスタ間の接続関係を表現したレベル
・クロックを意識した記述
・論理式レベル

```
library ieee;
use ieee.std_logic_1164.all;
entity SEL is
  port( A, B, SLCT :  in   std_logic;
        D :          out   std_logic );
end SLCT;

architecture RTL of SLCT is
begin
   D <= ( A and SEL ) or ( B and ( not SEL ))
end RTL;
```

図6　データフロー（Register Transfer Level）記述の例

しょう。レジスタやクロックを明確に意識して記述します。

図6の記述例では、SELが'1'のときには、A and SEL の値（つまりAの値）が採用され、SELが'0'のときには、B and (not)SEL の値（つまりB）が採用されて、それぞれDへ出力されることになります。

②動作(Behavior)記述 方式

動作記述は、順序処理文（この場合には、if then～else～）の集まりとして動作を記述します。抽象的な動作記述が可能です。部分的に見た場合には、C言語のプログラムかと見間違うくらいに似ています（図7参照）。

```
【特徴】
・クロックを意識しない記述レベル
・プログラム言語風に記述したもの
```

```
library ieee;
use ieee.std_logic_1164.all;
entity SLCT is
  port(A, B, SEL:  in    std_logic;
       D:          out   std_logic );
end SLCT;

architecture BHV of SLCT is
begin
  process( SEL )
  begin
    if SEL = '1' then   D <= A;
    else                D <= B;
    end if;
  end process;
end BHV;
```

図7　動作(behavior)記述の例

③構造(Structure)記述方式

構造記述では、すでに部品化されているコンポーネント（図8の場合SELECT）の再利用定義（component文）などによって、その呼び出しと接続関係を回路図（ブロック図）のように記述（port map文）します。この場合には、採用するコンポーネントの機能がわかっていないと、どのような動作をする回路ができあがるのか見当もつきません。また反面、すでに

```
【特徴】
・ゲート回路やFFなどのライブラリ・セルの接続関係を示したレベル
・ネットリストともいう
```

```
library ieee;
use ieee.std_logic_1164.all;
entity SLCT is
  port( A, B, SEL :  in    std_logic;
        D :           out   std_logic );
end SLCT;

architecture STR of SLCT is
  component   SELECT
    port( X, Y, XCHG:  in std_logic; Z:  out std_logic );
  end component;
begin
  U0 : SELECT   port map( A, B, SEL, D );
end STR;
```

図8　構造(Structure)記述の例

　実績のあるコンポーネントを組み合わせるわけなので、できあがる回路の信頼性は、それなりに安心できるものが得られることになります。このようなコンポーネントを用いた回路設計は、今流行のオブジェクト指向といえるでしょう。

(5) architecture本体内部はすべて同時並行的に処理される

　動作の記述は、begin〜endの間で行います。回路の動作を記述するには、同時処理文（コンカレント・ステートメント）と順次処理文（シーケンシャル・ステートメント）の2種類の文による記述法があり、回路動作の種類により使い分けることになります（図9参照）。

　同時処理文による記述は、記述した順序に関係なく、すべての同時処理文が同時並行的に動作します。つまり、それぞれの同時処理文によって記述した回路は、それぞれが独立して動作することになります。論理ゲートによる組み合わせ論理回路などの記述を行うのに適しています。

　順次処理文は、process〜endの間でのみ使用可能で、記述した順に動作（評価）します。したがって、フリップフロップを用いる順序回路などのよ

うに、処理する順番が決まっている回路を記述する場合に適しています。

VHDLでは、以下の4つのスタイルを組み合わせて、回路を記述します。

◆ 同時処理文による組み合わせ回路
 1行の同時処理文で記述できる簡単な組み合わせ回路
◆ process文による組み合わせ回路
 複数行の順次処理文で記述できる複雑な組み合わせ回路
◆ process文による順序回路
 ラッチやフリップフロップを含む順序回路
◆ 下位ブロックの呼び出し
 下位階層を接続する構造記述

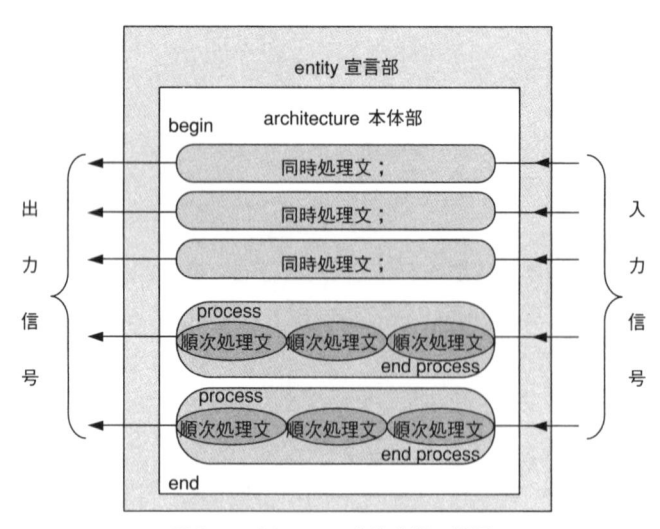

図9 architecture本体内部の処理

3. データの種類

　VHDLでは、constant（定数）、signal（信号）、variable（変数）というデータの種類を用意しています（**図10**）。constantは、与えられたタイプの1つの値を保持することができますが、途中で値を変更することはできません。signalは、同時処理の中でのみ宣言可能ですが、同時処理と順次処理の両方で使用することできます。これに対し、variableは、順次処理の中でのみ宣言可能であり、宣言した順次処理内でのみ使用することができます。

　なお、entity部のport記述によって宣言された入出力信号名は、すべてsignalとして扱われます。

　一般に、signalは、回路の配線（または信号を保持しているという意味でフリップフロップをモデル化したもの）を意味し、variableとconstantは、回路動作をモデル化するために用いられます。

　データの宣言は、以下のように行います。

【書式】

```
データの種類    データ名：   データ型；
```

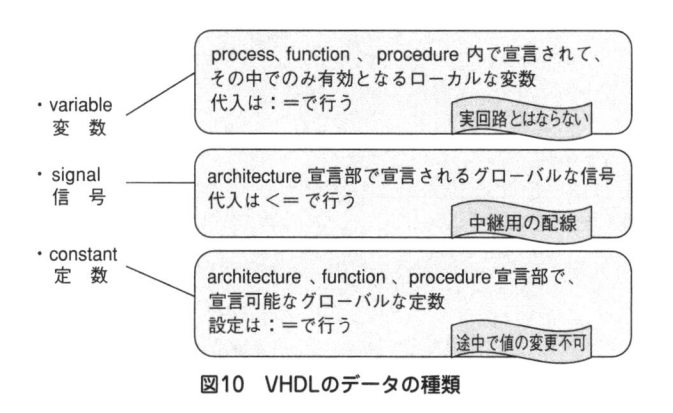

・variable
　変　数
　　process、function、procedure 内で宣言されて、その中でのみ有効となるローカルな変数
　　代入は：＝で行う
　　実回路とはならない

・signal
　信　号
　　architecture 宣言部で宣言されるグローバルな信号
　　代入は＜＝で行う
　　中継用の配線

・constant
　定　数
　　architecture、function、procedure 宣言部で、宣言可能なグローバルな定数
　　設定は：＝で行う
　　途中で値の変更不可

図10　VHDLのデータの種類

データ名は、データの名称、つまり識別子です。データ型は、定義済み（bit、boolean、std_logic など）あるいはユーザ定義のデータ型を指定します。

(1) 変数への代入と信号への代入

データ名への値の代入（図11参照）でにおいて、signal と variable では、以下の例のように異なった記述法となっています。

```
signal    SEL: std_logic;    の場合の代入  →  SEL <= '1';
variable  SEL: std_logic;    の場合の代入  →  SEL := '1';
```

また、constant では、つぎの例のように、データの宣言とともに値の設定を行います。

```
constant RESET: std_logic_vector (7 downto 0) := "11111111";
```

signal は回路の配線を意味することから、代入処理のシミュレーション実行時に遅延時間を指定することができるようになっています。しかし、本

変数（variable）への代入
```
architecture RTL of LMN is
begin
  process ( CLK )
    variable A, B, C, D: std_logic;
  begin
        A := '0';
        B := A;
        C := B;
        D := C;
  end process;
end RTL;
```
遅延時間なしに
　　A = '0'
　　B = '0'
　　C = '0'
　　D = '0'
　　となる

信号（signal）への代入
```
architecture RTL of STU is
signal A, B, C, D: std_logic;
begin
  process ( CLK )
  begin
        A <= '0';
        B <= A;
        C <= B;
        D <= C;
  end process;
end RTL;
```
△時間遅延後 に
　　A = '0'
　　B = 'U'
　　C = 'U'
　　D = 'U'
　　となる

'U'はuninitialized

図11　データ名への値の代入

書の目的であるFPGA/CPLDデバイスへの書き込みデータを作成するという場合には、指定する必要はありません（無視される）。

　とはいっても、遅延時間はデバイスへ書き込んで実行したときに必ず生じるため、VHDLプログラミング時に作成者が十分に考慮する必要があります。論理的には間違いがないのに、デバイスへ書き込んだら期待した動作をしてくれないといった失敗談を、数多く耳にします。タイミングに関する部分は、VHDLプログラミングで最もむずかしい部分といえるでしょう。

(2) 信号と変数の宣言位置と使用可能範囲

　データの種類には、constant、signal、variableの3種があることはすでに説明しました。データは以下の書式にしたがって宣言し、規定されたデータ型のデータを扱わせることができます。VHDLでは、種類をクラス、具体的に宣言するデータのことをデータオブジェクトと呼びます。

```
architecture
    signal、constantクラスのデータオブジェクトの宣言位置
begin
    process
        variableクラスのデータオブジェクトの宣言位置
    begin
        variable クラスのデータオブジェクトの
        使用可能範囲
    end process;

    process
        variableクラスのデータオブジェクトの宣言位置
    begin
        variable クラスのデータオブジェクトの
        使用可能範囲
    end process;
end
```

signal、constantクラスのデータオブジェクトの使用可能範囲

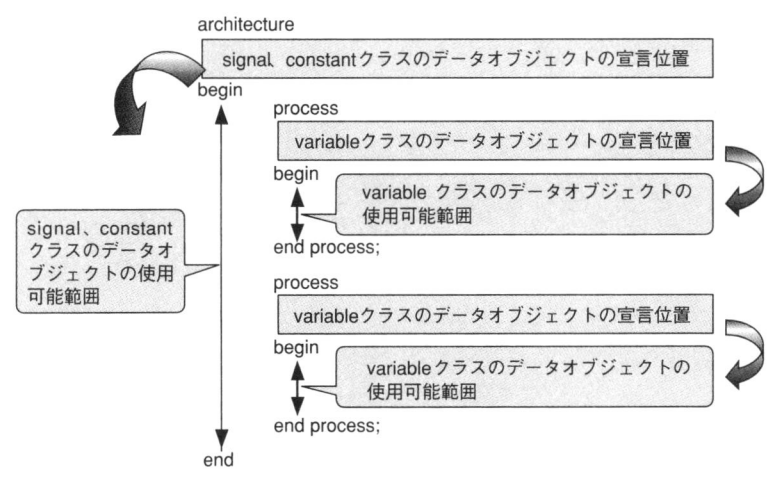

図12　宣言位置と使用可能範囲

【書式】

```
オブジェクトクラス　オブジェクト名：データ型 [:= 初期値];
（データの種類）　　（データ名）
```

【例】

constant SEGDAT: std_logic_vector[7 downto 0] := "00001011";
　→ std_logic_vector[7 downto 0]型の定数"00001011"を、SEGDAT という名前で宣言
SEGDAT[7]がMSBで値'0'、SEGDAT[0]がLSBで値'1'となる

signal ABC: std_logic;
　→ std_logic型の信号ABCを宣言

variable FLAG: boolean;
　→boolean型の変数FLAGを宣言

4. VHDLのデータ型

(1) 定義済みデータ型

IEEE1164によって追加されたstd_logic型とstd_logic_vector型では、**表1**に示すように、9種類の論理値を扱うことができるため、bit型、boolean型、

表1 VHDLに組み込まれている定義済みデータ型

データ型	論理値	実際の値 （論理合成ツールに依存）	
bit 型	'0'	論理値 '0'	古い規格 IEEE-1076 で定義されて いる
	'1'	論理値 '1'	
boolean 型	false	論理値 '0'	
	true	論理値 '1'	
std_logic 型	'U'	ドントケア	新しい規格 IEEE-1164 によって追 加された
	'X'	ドントケア	
	'0'	論理値 '0'	
	'1'	論理値 '1'	
	'Z'	ハイインピーダンス	
	'W'	ドントケア	
	'L'	論理値 '0'	
	'H'	論理値 '1'	
	'-'	ドントケア	

bit型とstd_logic型には、bit_vector型とstd_logic_vector型があり、それぞれのデータ型の Vector（配列）型を宣言することができる

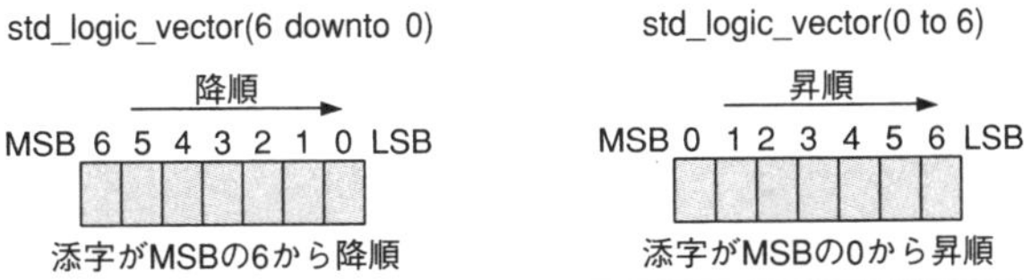

```
std_logic_vector(6 downto 0)           std_logic_vector(0 to 6)
          降順                                    昇順
    ─────────→                              ─────────→
MSB  6  5  4  3  2  1  0  LSB          MSB  0  1  2  3  4  5  6  LSB
   ┌──┬──┬──┬──┬──┬──┬──┐                ┌──┬──┬──┬──┬──┬──┬──┐
   │  │  │  │  │  │  │  │                │  │  │  │  │  │  │  │
   └──┴──┴──┴──┴──┴──┴──┘                └──┴──┴──┴──┴──┴──┴──┘
   添字がMSBの6から降順                      添字がMSBの0から昇順
```

> 配線の束を宣言する場合、添字の付け方には2種類（downtoとto）
> あって、使用目的に合わせて自由に選択できる。MSB（最上位ビット）
> からLSB（最下位ビット）へ向かって、降順にするか、昇順にするかの
> どちらか。

図13 std_logic_vectorの書き方（7本の配線の束の場合）

bit_vector型に比べて、論理合成やシミュレーションで柔軟な対応をすることができます。しかし、FPGAへの書き込みデータとして、論理合成ツールが実際にサポートしているデータ型の種類としては半減しています。

(2) 列挙型

目的に合わせて定義した値のみを扱うデータ型を、ユーザが定義することができます。ユーザがデータ型を定義できるとはいっても、勝手な型を定義することはできません。可能なデータ型としては、取り得る値を順に並べて示す列挙型があります。図14のように列挙するデータには、任意のタイプ名を付けて扱えるため、ステートマシンなどでよく使用されます。

```
【書式】
        type タイプ名 is (値のリスト);
【例】
    ・type STATES is ("001","010","100");
        → STATES 型のデータは、"001","010","100" の内の、
          どれかの値しか取れない
    ・type SIGNAL_LIGHT is (RED, YELLOW, GREEN);
        → SIGNAL_LIGHT 型のデータは、RED, YELLOW,
          GREEN の内の、どれかの値しか取れない。
          RED, YELLOW, GREEN のそれぞれの具体的な
          値については、ツールによって最適に処理される。
```

図14　列挙型

(3) 整数型

符号付きと符号なしがあり、どちらも3通りの方法があります(図15参照)。デフォルトでは、32ビット幅として組み込まれていますが、使用目的に合わせて値の範囲を限定することができます。

変数や定数を整数型として宣言する場合には、実際に必要とする範囲内の値のビット長に限定することにより、効率のよいインプリメンテーショ

ンを行うことができます。

①std_logic_1164 パッケージと std_logic_signed パッケージ内に
　定義された、std_logic_vector データ型を使用する
②std_logic_ arith パッケージ内に定義された符号付きデータ型と
　符号付き演算を使用する
③整数のサブレンジを使用する
　　　　【例】signal MYSIG: integer range -8 to 7;
　　　　　　→ MYSIG は、-8～7の範囲の整数を扱うデータ型である

①std_logic_1164 パッケージ内に定義された std_logic_vector
　データ型と、std_logic_unsigned パッケージを使用する
②std_logic_ arith パッケージ内に定義された符号なしデータ型と
　符号なし演算を使用する
③整数のサブレンジを使用する
　　　　【例】signal MYSIG: integer range 0 to 15;
　　　　　　→ MYSIG は、0～15の範囲の整数を扱うデータ型である

図15　符号付きデータ型（上）と符号なしデータ型（下）

5. VHDLの演算子

(1) 論理演算子の種類と機能

　VHDLで使用できる演算子には、論理演算子、関係演算子、加法演算子、乗法演算子、シフト演算子、その他の演算子などがあります。これらの優先順位は、論理演算子が一番低く、順に高くなり、その他の演算子が最も高くなりますが、数学同様に丸括弧（）で括ることによって優先順位を変更することができます。

　ここで紹介する機能は、IEEE 1164によるものです。したがって、実際に利用できる機能としては、開発支援ツールによって異なることが予想されますので、マニュアルなどで十分に確認してください。

　論理演算子には、**表2**に示す6種があります。これらの演算子は、定義済みデータ型のbit型、boolean型、std_logic型に対して使用できます。また、それらの一次元配列に対しても使用できます。演算結果の型は、そのオペランドの型と同じになります。

表2　論理演算子

演算子	機　　　　能
not	否定（演算項目は1つのみ）
and	論理積
or	論理和
nand	否定論理積
nor	否定論理和
xor	排他的論理和

①基本ゲート：NOT

論理式	$X = \overline{A}$
VHDL記述	X＜＝not A；
シンボル	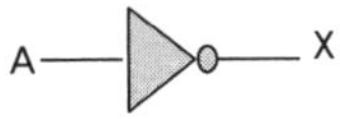 A ─▷○─ X
真理値表	<table><tr><td>A</td><td>X</td></tr><tr><td>0</td><td>1</td></tr><tr><td>1</td><td>0</td></tr></table>
動作波形	（入力Aの反転が出力Xとなる）

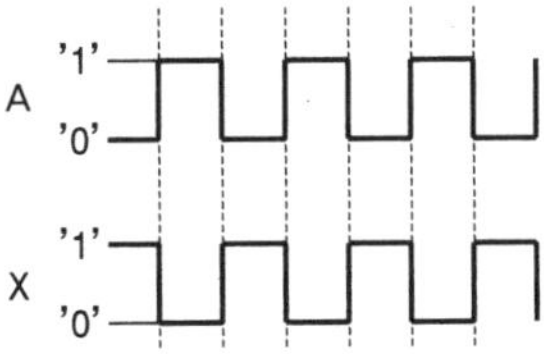

```
library ieee;
use ieee.std_logic_1164.all;
entity NOT_GATE is
        port ( A:   in    std_logic;
               B:   out   std_logic );
end NOT_GATE;

architecture RTL of NOT _GATE is
begin
    ┌─────────────┐
    ┆ X<=not A;   ┆ ◀Look!
    └─────────────┘
end RTL;
```

図16　NOT回路のVHDL記述例

②基本ゲート：AND

論理式	X＝A・B
VHDL記述	X ＜＝ A and B;
シンボル	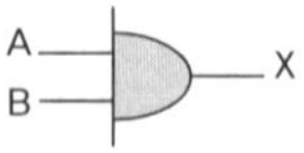 (AND gate symbol with inputs A, B and output X)
真理値表	A B X 0 0 0 0 1 0 1 0 0 1 1 1
動作波形	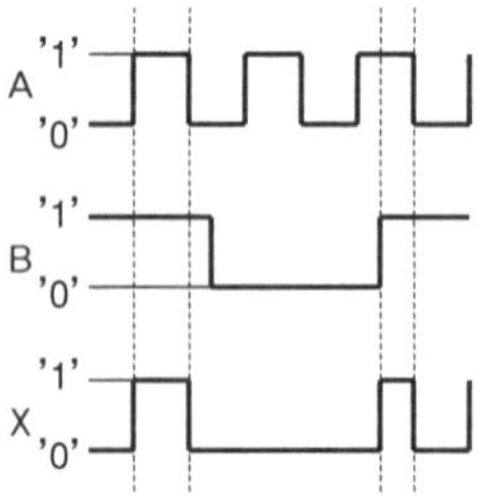 (波形図) （入力AとBが共に'1'の時、出力Xは'1'となる）

```
library ieee;
use ieee.std_logic_1164.all;
entity AND_GATE is
        port ( A, B:  in   std_logic;
               X:     out  std_logic );
end AND_GATE;

architecture RTL of AND _GATE is
begin
    X<= A and B;      Look!
end RTL;
```

図17　2入力AND回路のVHDL記述例

③基本ゲート：OR

論理式	X＝A＋B
VHDL記述	X＜＝A or B;
シンボル	（ORゲート記号：入力A、B、出力X）
真理値表	A　B　X 0　0　0 0　1　1 1　0　1 1　1　1
動作波形	（入力AとBのどちらかまたは両方が'1'の時、出力Xは'1'となる）

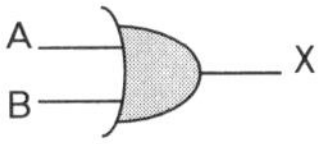

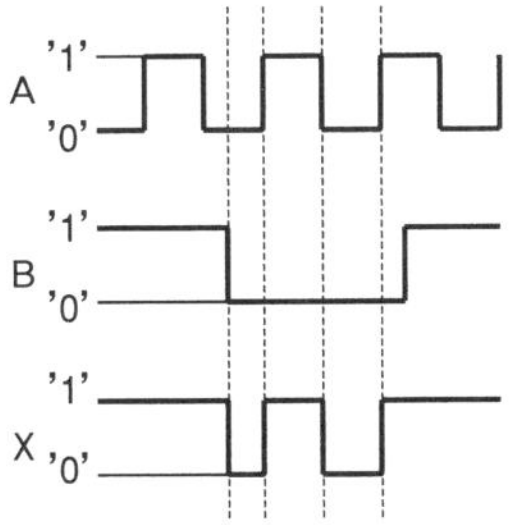

```
library ieee;
use ieee.std_logic_1164.all;
entity OR_GATE is
        port ( A, B:   in    std_logic;
               X:      out   std_logic );
end OR_GATE;

architecture RTL of OR_GATE is
begin
    X<= A or B;   Look!
end RTL;
```

図18　2入力OR回路のVHDL記述例

④基本ゲート：EXOR

論理式	$X = A \oplus B$
VHDL記述	X <= A xor B;
シンボル	A, B → X
真理値表	A B X 0 0 0 0 1 1 1 0 1 1 1 0
動作波形	(入力AとBが等しくない時、出力Xは'1'となる)

```
library ieee;
use ieee.std_logic_1164.all;
entity EXOR_GATE is
        port ( A, B:  in    std_logic;
               X:     out   std_logic );
end EXOR_GATE;

architecture RTL of EXOR_GATE is
begin
    X <= A xor B;     ⬅ Look!
end RTL;
```

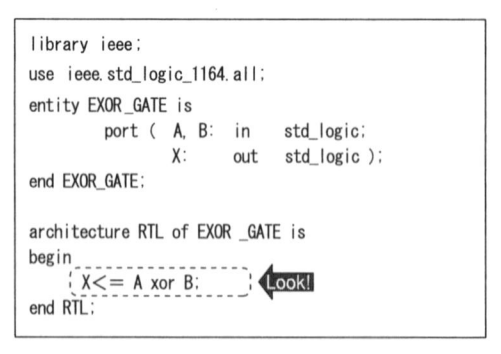

図19　2入力EXOR回路のVHDL記述例

⑤基本ゲート:その他

NAND		
論理式	$X = \overline{A \cdot B}$	not andと等価
VHDL記述	X <= A nand B;	
シンボル	A, B → X	
NOR		
論理式	$X = \overline{A + B}$	not orと等価
VHDL記述	X <= A nor B;	
シンボル	A, B → Y	
真理値表		NAND / NOR

A	B	X	Y
0	0	1	1
0	1	1	0
1	0	1	0
1	1	0	0

```
library ieee;
use ieee.std_logic_1164.all;
entity N_GATE is
        port ( A, B:  in    std_logic;
               X, Y:  out   std_logic );
end N_GATE;

architecture RTL of N_GATE is
begin
    X <= A nand B;
    Y <= A nor B;            Look!
end RTL;
```

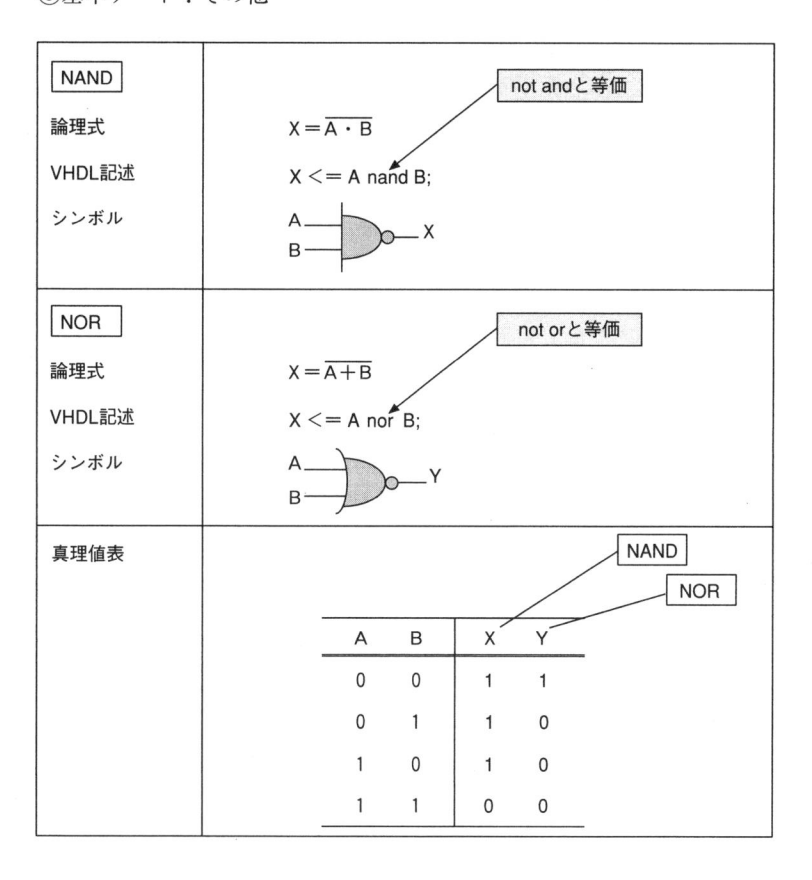

図20　その他のゲートのVHDL記述例

(2) 関係演算子の種類と機能

＝と／＝は、すべてのデータ型で使用可能です。しかし、＜、＜＝、＞、＞＝は、数値型（整数型など）か列挙型（typeで宣言されたデータ型など）およびいくつかの配列型で使用可能です。関係演算した結果の型は、boolean型となります。

表3　関係演算子

演算子	機能
＝	等しい（オペランドのいずれかの値が'X'または'Z'のとき、結果は'X'）
／＝	等しくない（オペランドのいずれかの値が'X'または'Z'のとき、結果は'X'）
＜	より小さい（オペランド内に不定のビットがあり関係が不確定なとき、結果は'X'）
＜＝	以下（オペランド内に不定のビットがあり関係が不確定なとき、結果は'X'）
＞	より大きい（オペランド内に不定のビットがあり関係が不確定なとき、結果は'X'）
＞＝	以上（オペランド内に不定のビットがあり関係が不確定なとき、結果は'X'）

（注）'X'が指定された場合、論理合成ツールの多くはこれをドントケア（無視）として扱い、最終的にはハードウェアを最小化できるように、'0'または'1'に変換される。
（注）＜＝は信号への値の代入にも使われるが、どちらの意味かは開発支援ツールが文脈から自動的に判断する。

(3) 加法演算子の種類と機能

加法演算子には、**表4**に示すように3種類があります。＋（加算演算子）と－（減算演算子）に関しては、オペランドと演算結果とも同じ数値型でなければなりません。また、どちらも単項符号演算子としても、使用することができます。その場合、オペランドと演算結果は、同じ型でなければ

表4　加法演算子

演算子	機能
＋	加算演算子（左側のオペランドは代数でもよいが、右側のオペランドは定数のみ可）
－	減算演算子（左側のオペランドは代数でもよいが、右側のオペランドは定数のみ可）
＆	連結演算子（左右のオペランドをつなぐ、オペランドは代数値）

なりません。
　＆（連結）演算子のオペランドは、1要素型または一次元配列型のどちらでも可能ですが、演算結果は必ず配列型になります。
【連結演算子の使用例】
　A, B, C が std_logic 型で、NUM が std_logic_vector () のとき
　　NUM＜＝A & B & C;
によって、信号を連結することができます。

(4) 乗法演算子の種類と機能

乗法演算子は、**表5**に示すように4種類があります。
　ここで、rem（剰余）演算子とmod（モジュロ）演算子は、それぞれ以下のように定義されます。
　　A rem B は、　A－(A/B)＊B
　　A mod B は、　A－B＊N　　（Nはある整数）
　rem演算子の演算結果の符号は、最初のオペランドの符号と一致します。mod演算子の演算結果の符号は、2番目のオペランドの符号と同じになります。

表5　乗法演算子

演算子	機　　　　能
＊	乗算演算子（両方のオペランドは整数型または浮動少数点型で、結果の型も同じになる）
／	除算演算子（両方のオペランドは整数型または浮動少数点型で、結果の型も同じになる）
mod	モジュロ（両方のオペランドは整数型で、結果も同じ型となる）剰
rem	余（両方のオペランドは整数型で、結果も同じ型となる）

(5) シフト演算子の種類と機能

それぞれの演算子の機能はつぎの**表6**のようにまとめられます。

表6　シフト演算子

演算子	機能
sll	論理左シフト
srl	論理右シフト
sla	算術左シフト
sra	算術右シフト
rol	論理左回転
ror	論理右回転

(6) その他の演算子 の種類と機能

その他の演算子について**表7**にまとめます。

表7　その他の演算子

演算子	機能
**	べき乗 演算子（左側のオペランドは整数型または浮動少数点型で、右側のオペランドは整数型のみ可能）
abs	絶対値（任意の数値型に対して使用可能）

6. 同時処理文 (コンカレント・ステートメント)

同時処理文としては、以下があります。
・ブール代数
・条件判断文（when else 構文、with select when 構文）
・コンポーネント・インスタンス文（port map 文）
　同時処理文は、architecture 本体部内で定義される順番とは無関係に、すべてが同時に実行されます。

(1) when else 構文（条件付き信号代入文）
ある条件式が成立するかどうかによって、2つの値のどちらか一方の値を代入するような処理の記述を図21に示します。

・基本型
```
信号名 <= 条件式が成立した場合の値　when　条件式　else　不成立の場合の値；
```

・条件式が複数ある場合
```
信号名 <= 条件式1が成立した場合の値　when　条件式1　else      優先度 高
         条件式2が成立した場合の値　when　条件式2　else        ↕
         ......................
         すべての条件式が不成立の場合の値；                     優先度 低
```

図21　when else 構文

(2) with select when（選択信号代入文）
ある選択式を評価して、複数の選択項目の中から一致するもの1つを選択し、それに対応する値を代入するような処理の記述する場合は図22のようになります。

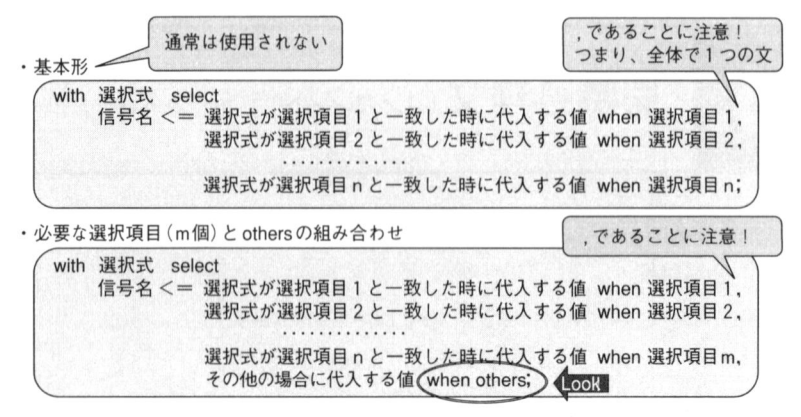

・基本形 　　　通常は使用されない　　　　　　　　　　　　　　　　, であることに注意！
　　　　　　　　　　　　　　　　　　　　　　　　　　　　　　つまり、全体で1つの文
```
with 選択式 select
    信号名 <= 選択式が選択項目1と一致した時に代入する値 when 選択項目1,
            選択式が選択項目2と一致した時に代入する値 when 選択項目2,
            ..............
            選択式が選択項目nと一致した時に代入する値 when 選択項目n;
```

・必要な選択項目（m個）とothersの組み合わせ
　　　　　　　　　　　　　　　　　　　　　　　　　　　, であることに注意！
```
with 選択式 select
    信号名 <= 選択式が選択項目1と一致した時に代入する値 when 選択項目1,
            選択式が選択項目2と一致した時に代入する値 when 選択項目2,
            ..............
            選択式が選択項目nと一致した時に代入する値 when 選択項目m,
            その他の場合に代入する値 when others;   Look
```

図22　with select when 構文

（3）同時処理信号代入文による組み合わせ回路例

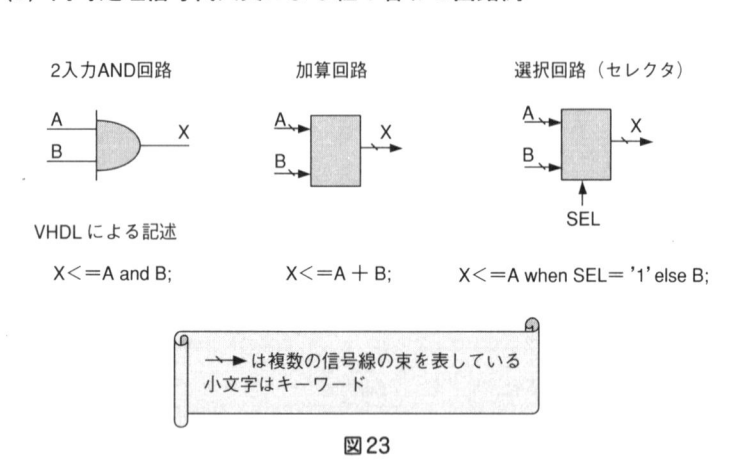

2入力AND回路　　　　　加算回路　　　　　選択回路（セレクタ）

　　　　　　　　　　　　　　　　　　　　　　　　　　　SEL

VHDLによる記述

X<=A and B;　　　　X<=A＋B;　　　X<=A when SEL='1' else B;

　　　　　　　━▶ は複数の信号線の束を表している
　　　　　　　小文字はキーワード

図23

7. 順次処理文

(1) process文

architecture本体内において、process文を用いてシーケンシャルなイベントを記述します。architecture本体内には、複数のprocess文を記述することが可能です。

```
【書式】
[ラベル名:] process [(センシティビティ・リスト)]
        [宣言文]
    begin
        [順次処理文による記述]
    end process [ラベル名];
```

```
process (センシティビティリスト   )
begin
    -- 順次処理文 #1
    -- ……
end process;
```
→ このリストで定義された信号が変化した場合に以下の動作を実行

```
process
begin
    wait 条件
    -- 順次処理文 #1
    -- ……
end process;
```
→ 指定された条件が True（真）のとき以下の動作を実行

→ PROCESS 文に ラベル が付いている場合は、同一ラベル名で終了

```
ラベル: process (センシティビティリスト)
begin
    -- 順次処理文 #1
    -- ……
end process ラベル;
```

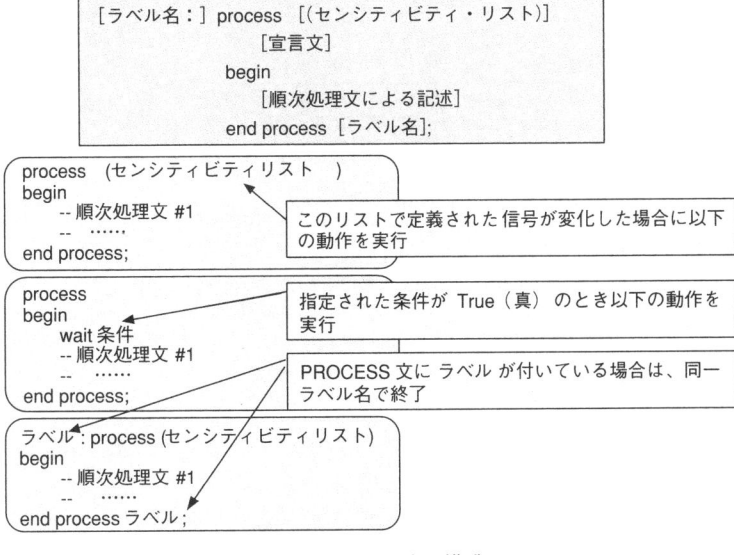

図24 process文の構成

process文は、つぎの3つの部分で構成されます（**図24**）。

◆ センシティビティリスト
　・このprocessに対する入出力信号のリスト
　・センシティビティリストに記述した信号の値が変化したとき

　　　　に、processが活性化される
　◆プロセス記述
　　・beginで始まる
　　・順次処理文による動作の記述
　◆end process文
　　・プロセス記述の終了を示す

(2) if then else 構文

条件式に基づいて実行する順次処理を選択する記述です。条件式としては、1つの論理値として評価される任意の式を記述することができます。

・基本形
```
if    条件式  then  条件成立時の順次処理  ;
else  条件不成立時の順次処理  ;
end if ;
```

・条件式が複数(m個)ある場合
```
if     条件式1  then   条件成立時の順次処理 ;
elsif  条件式2  then   条件成立時の順次処理 ;
　　............
elsif  条件式m  then   条件成立時の順次処理 ;
else   上記の全条件不成立時の順次処理 ;
end if ;
```

図25　if then else 構成

(3) case when 構文

式の値と一致する1つの選択項目に対応する順次処理を選択する記述です。式の値としては、ディスクリートタイプまたは1次元配列タイプに限り、式の取り得る値に対応した、すべての選択項目を用意しておく必要があります。

・基本形
```
case 式 is
    when 選択項目1 => 選択項目1と一致した場合の順次処理；
    when 選択項目2 => 選択項目2と一致した場合の順次処理；
    ............................
    when 選択項目n => 選択項目nと一致した場合の順次処理；
end case ;
```
向きに注意！

・選択項目をm個だけ指定し、残りを省略する場合
```
case 式 is
    when 選択項目1 => 選択項目1と一致した場合の順次処理；
    when 選択項目2 => 選択項目2と一致した場合の順次処理；
    ............................
    when 選択項目m => 選択項目nと一致した場合の順次処理；
    when others  => どの選択項目とも一致しなかった場合の順次処理；
end case ;
```

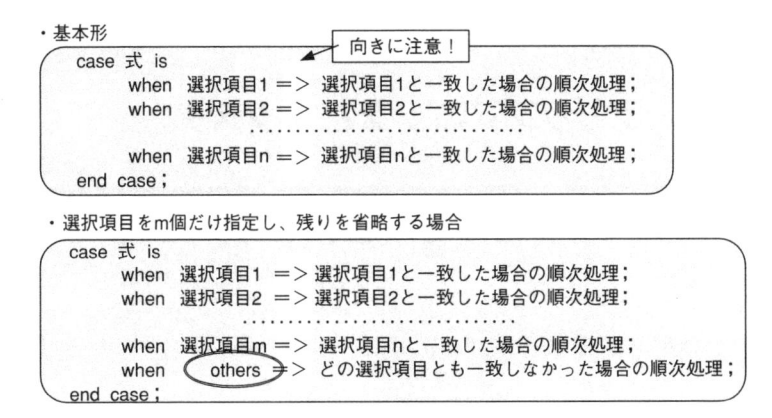

図26　case when 構成

（4）クロックエッジを検出するいろいろな記述法

同期回路を記述するには、クロック信号のエッジを検出するための記述が必要です。

```
process(CLK)
begin
    If(CLK'event and CLK = '1') then
        CLK立ち上がりエッジ時に行う処理；
    end if;
end process;
```
信号に変化があって　かつ　信号の値が'1'

```
process(CLK)
begin
    if rising_edge(CLK)then
        CLK立ち上がりエッジ時に行う処理；
    end if;
end process;
```
最も記述が簡単！

信号の立ち上がりエッジ

```
process
begin
    wait until CLK'event and CLK = '1';
    CLK立ち上がりエッジ時に行う処理；
end process;
```
センシティビティリストは必要ない

Process内の最初に記述すること

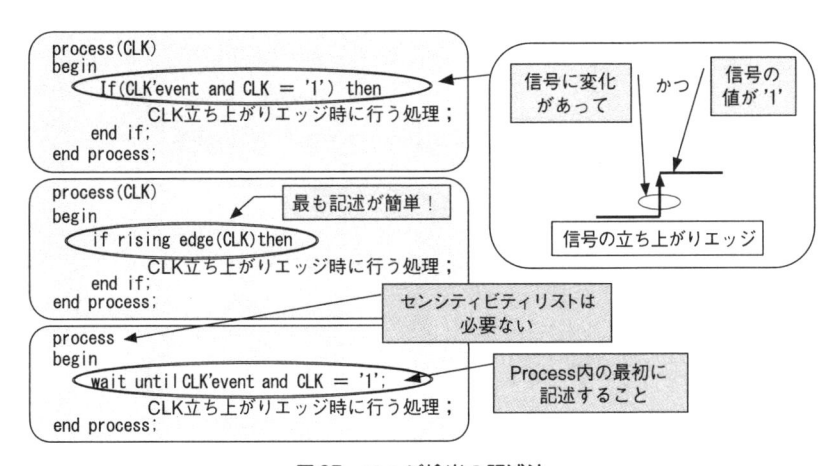

図27　エッジ検出の記述法

8. フリップフロップとレジスタ

フリップフロップ（FF）は**図28**に示すように1ビットのメモリに相当します。

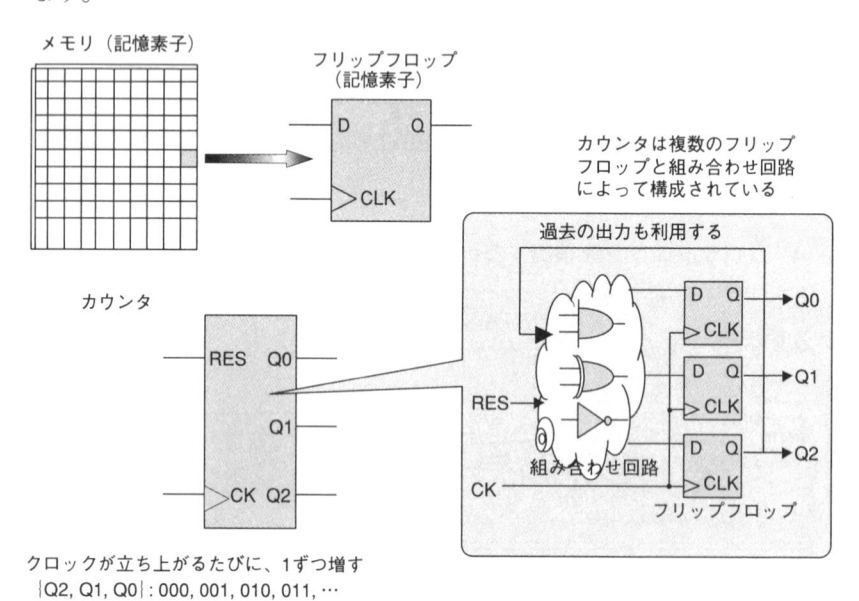

図28 フリップフロップとカウンタ

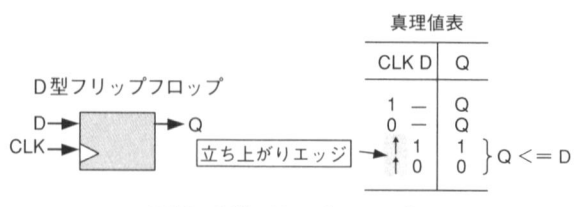

(1) D型フリップフロップ (D-FF)

図29 D型フリップフロップ

```
library ieee;
use ieee.std_logic_1164.all;
entity DFF is
  port(
    CLK, D: in  std_logic;
    Q     : out std_logic);
end DFF;

architecture RTL of DFF is
begin
  process( CLK )
  begin
    if( CLK'event and CLK='1') then Q <= D;
    end if;
  end process;
end RTL;
```

図30　D型フリップフロップのVHDL記述例

(2) レジスタ (4ビットレジスタ)

フリップフロップでは1ビットの情報が記憶できますが、複数ビットの情報を一括して記憶するには、D型フリップフロップを複数個用いてレジスタを構成するのが一般的です。

```
library ieee;
use ieee.std_logic_1164.all;
entity REG4 is
  port(
    CLK: in  std_logic;                         複数個分を宣言
    D:   in  std_logic_vector( 0 to 3 );   Look!
    Q:   out std_logic_vector( 0 to 3 ));  Look!
end REG4;

architecture RTL of REG4 is
begin                                  D型FFと同じ
  process( CLK )
  begin
    if( CLK'event and CLK='1') then Q <= D;
    end if;
  end process;
end RTL;
```

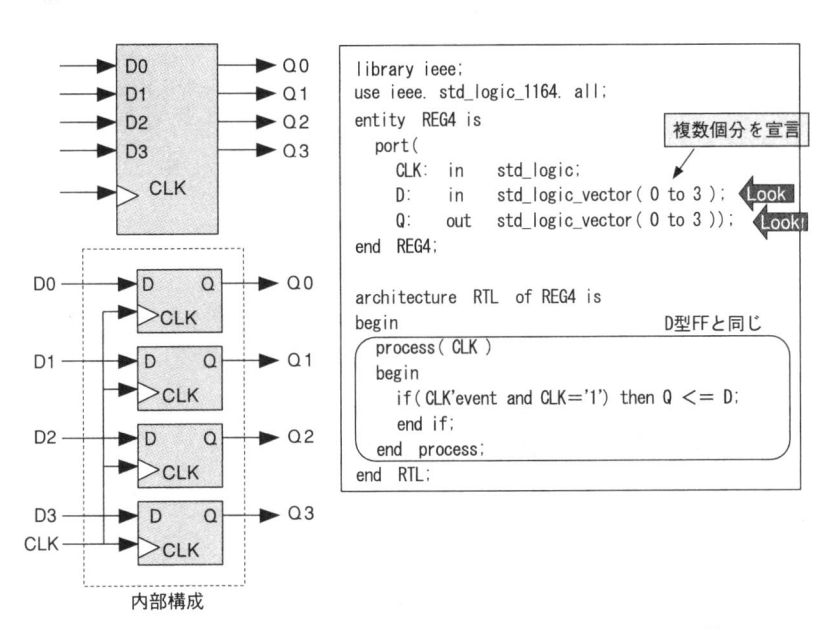

内部構成

図31　D型フリップフロップを複数個使用したレジスタのVHDL記述例

9. 非同期リセットと同期リセット

リセット（RESET）信号の有効となるタイミングが（CLK）信号との関係で図32のように2種類に分けられます。

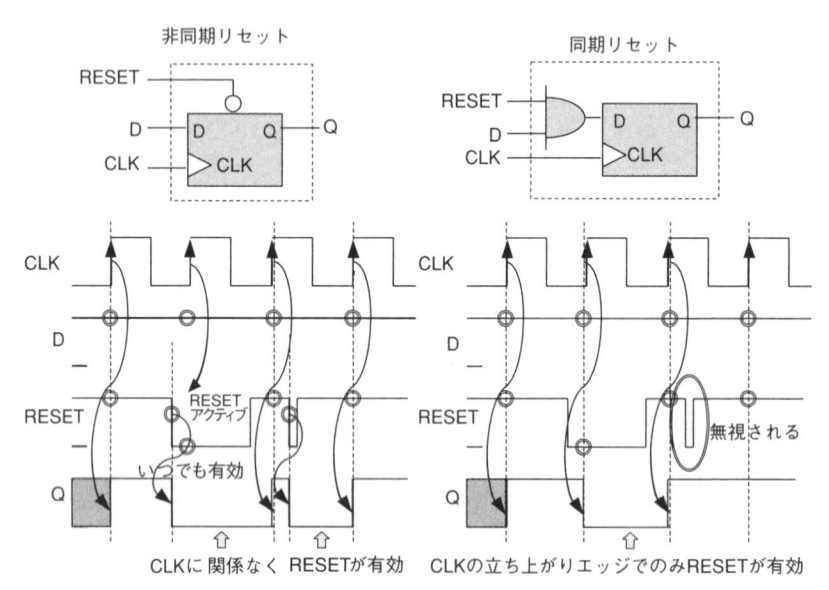

図32　2種類のRESETタイミング

(1) 非同期リセット

CLKとRESETの両方の信号をセンシティブリストに記述し、CLKの状態に関わらず、RESET処理が行われるような回路のことをいいます。

```
library ieee;
use ieee.std_logic_1164.all;
entity ARST is
  port( CLK, RESET : in    std_logic;
                 CNT : buffer integer range 0 to 256 );
end ARST;
architecture RTL of ARST is
begin
  process( CLK, RESET )
  begin
    if ( RESET = '1') then        ← この評価が最初に行われる
      CNT <= 0;
    elsif(CLK'event and CLK = '1') then
      CNT <= CNT + 1;
    end if;                        ← クロック同期の処理
  end process;
end RTL;
```

図33 非同期リセットのVHDL記述例

① 非同期セット/リセット付きD型フリップフロップ

真理値表

CLK	SET	RESET	D	Q	QQ
—	0	1	—	1	0
—	1	0	—	0	1
1	1	1	—	Q	QQ
↑	1	1	—	Q	QQ
↑	1	1	1	1	0
↑	1	1	0	0	1

```
library ieee;
use ieee.std_logic_1164.all;
entity DFF_SR is
  port( CLK, D, SET, RESET: in    std_logic;
                        Q: buffer std_logic;
                        QQ : out   std_logic);
end DFF_SR;

architecture RTL of DFF_SR is
  begin
    QQ <= not Q;
    process( CLK, SET, RESET ) begin
      if   ( SET = '0') then Q <= '1';
      elsif(RESET = '0' ) then Q <= '0';
      elsif(CLK'event and CLK = '1') then Q <= D;
      end if;
    end process;
end RTL;
```

"非同期"
CLKより先に
SET, RESET
が評価される

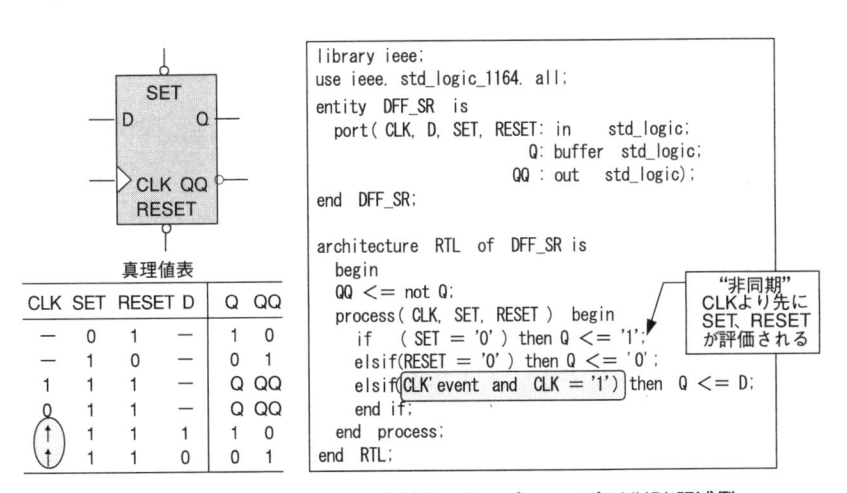

図34 非同期セット/リセット付きフリップフロップのVHDL記述例

②レジスタ（4ビットレジスタ・非同期クリヤ付き）

前記した4ビットレジスタに非同期クリヤ信号を追加したものです。

```
library ieee;
use ieee.std_logic_1164.all;
entity REG4CLR is
    port(
        CLK, CLR:  in    std_logic;
        D:         in    std_logic_vector( 0 to 3 );
        Q:         out   std_logic_vector( 0 to 3 ));
end REG4CLR;

architecture RTL of REG4CLR is
begin
    process( CLK, RESET )
    begin
        if( RESET='0' ) then Q<="0000";    Look!
        elsif(CLK'event and CLK='0') then Q <= D;
        end if;
    end process;
end RTL;
```

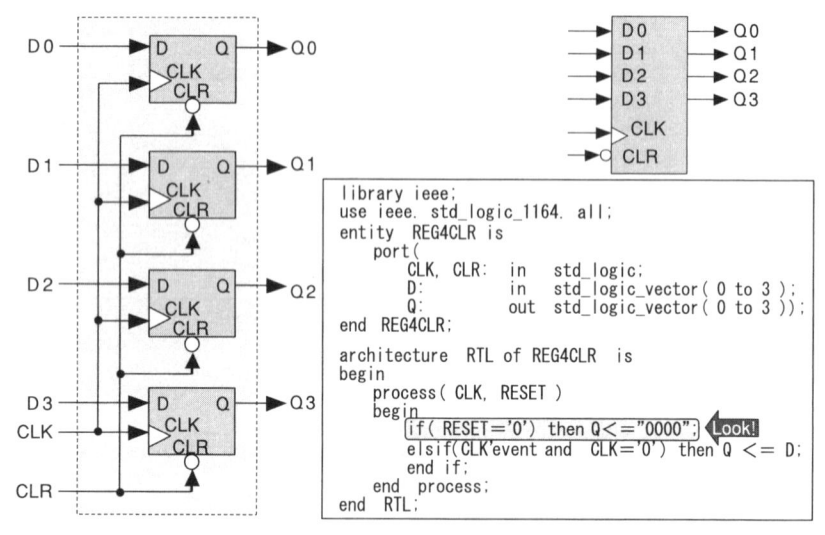

図35　非同期クリヤ付き4ビットレジスタのVHDL記述例

③非同期セット／リセット付きJK型フリップフロップ

```
library ieee;
use ieee.std_logic_1164.all;
entity JKFF is
    port(CLK, J, K, SET, RESET: in   std_logic;
                                Q : buffer std_logic);
end JKFF;

architecture RTL of JKFF is
signal JK : std_lojic_vector( 1 downto 0 );
begin
    JK <= J & K;
    process( CLK, SET, RESET )begin
        if       ( SET = '0' )then Q <='1';
        elsif( RESET = '0' )then Q <='0';
        elsif(CLK'event and CLK='1') then
            case JK is
                when "00" => Q <= Q;
                when "01" => Q <= '0';
                when "10" => Q <= '1';
                when "11" => Q <= not Q;
                when others => Q <= 'X';
            end case;
        end if;
    end process;
end RTL;
```

"非同期"
CLK より先に
SET、RESET
が評価される

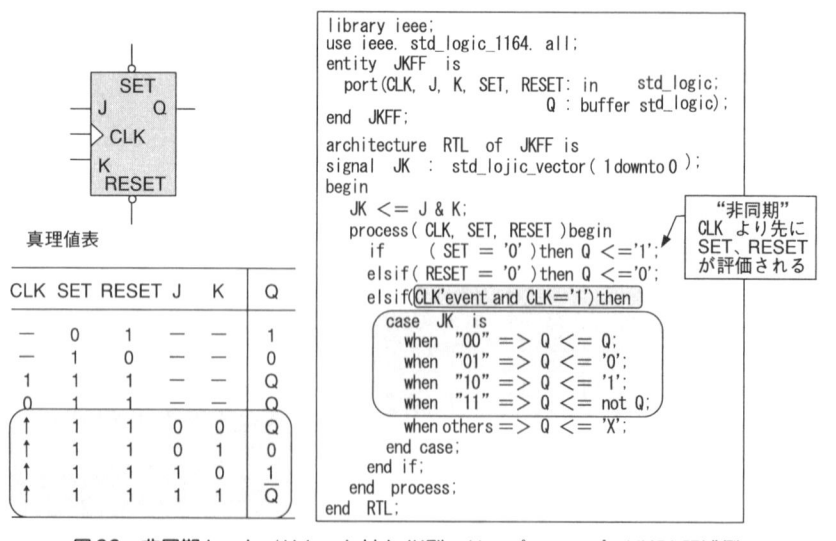

真理値表

CLK	SET	RESET	J	K	Q
—	0	1	—	—	1
—	1	0	—	—	0
1	1	1	—	—	Q
0	1	1	—	—	Q
↑	1	1	0	0	Q
↑	1	1	0	1	0
↑	1	1	1	0	1
↑	1	1	1	1	$\overline{Q}$

図36　非同期セット／リセット付きJK型フリップフロップのVHDL記述例

(2) 同期リセット

CLK信号のみをセンシティブリストに記述し、CLKの値に変化が起きたときのみ、RESET処理が行われるような回路のことです。

```
library ieee;
use ieee.std_logic_1164.all;
entity RESET2 is
  port( CLK, RESET : in std_logic;
        CNT : buffer integer range 0 to 256);
end RESET2;
architectureRTL of RESET2 is
begin
  process( CLK )
  begin
    if CLK'event and CLK = '1' then
      if RESET = '1' then  CNT <= 0;
      else    CNT <= CNT + 1;
      end if;
    end if;
  end process;
end RTL;
```

"同期"
CLKの後で
RESETが評価される

図37 同期リセットのVHDL記述例

①同期リセット付きSR型フリップフロップ

CLK	SET	RESET	Q	QQ
0	0	—	Q	QQ
0	1	—	Q	QQ
0	0	—	Q	QQ
0	1	—	Q	QQ
0	—	0	Q	QQ
0	—	1	Q	QQ
1	—	0	Q	QQ
1	—	1	Q	QQ
↑	0	0	0	1
↑	0	1	1	0
↑	1	0	0	1
↑	1	1	Q	QQ

```
library ieee;
use ieee.std_logic_1164.all;
entity SR_FF is
  port( CLK, SET, RESET : in  std_logic;
                      Q : buffer std_logic;
                     QQ : out std_logic );
end SR_FF;

architecture RTL of SR_FF is
begin
  QQ <= not Q;
  process( CLK )
  begin
    if(CLK'event and CLK='1') then
      if( RESET='0') then Q <= '0';
      elsif( SET= '0') then Q <= '1';
    end if;
  end if;
  end process;
end RTL;
```

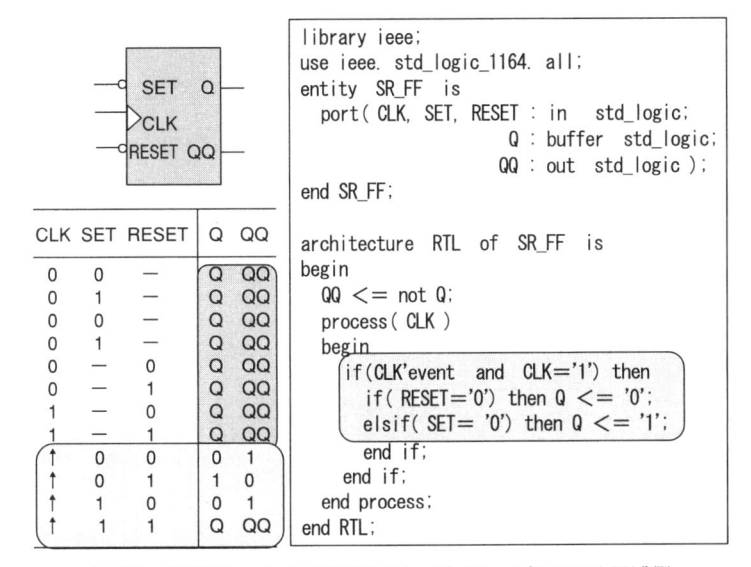

図38 非同期セット付きSR型フリップフロップのVHDL記述例

②同期セット／リセット付きD型フリップフロップ

```
                          library ieee;
                          use ieee.std_logic_1164.all;
                          entity DFF_SYNC is
    ┌─────────┐             port( CLK, D, LD, SET, RESET: in  std_logic;
    │   SET   │                                        Q : buffer std_logic;
  ──┤ D     Q ├──                                     QQ : out std_logic );
  ──┤ LD      │           end DFF_SYNC;
  ──┤>CLK  QQ ├──
  ──┤ RESET   │           architecture RTL of DFF_SYNC is
    └─────────┘           begin
                            QQ <= not Q;
                            process ( CLK ) begin
                              if(CLK'event and CLK = '1') then
                                if   ( SET   = '0' ) then Q <= '1';
                                elsif( RESET = '0' ) then Q <= '0';
                                elsif( LD    = '1' ) then Q <= D;
                                end if;
                              end if;
                            end process;
                          end RTL;
```

図39　同期セット／リセット付きD型フリップフロップのVHDL記述例

10. カウンタ

① 4ビット・バイナリカウンタ(同期型)

```
library ieee;
use ieee.std_logic_1164.all;
use ieee.std_logic_unsigned.all;
entity COUNT4 is
  port( CLK, RESET :  in   std_logic;
                     Q :  out  std_logic_vector( 3 downto 0 ));
end COUNT4;
architecture RTL of COUNT4 is
  signal CNT: std_logic_vector( 3 downto 0 );
begin
  Q <= CNT;
  process( CLK ) begin
    if(CLK'event and CLK='1' ) then
      if( RESET = '0' ) then CNT <= "0000";
      else                   CNT <= CNT+1;
      end if;
    end if;
  end process;
end RTL;
```

`use ieee.std_logic_unsigned.all;` → std_logic の算術演算を含む場合に必要

`signal CNT: std_logic_vector( 3 downto 0 );` / `CNT <= CNT+1;` → Qをbufferモードにしないための工夫

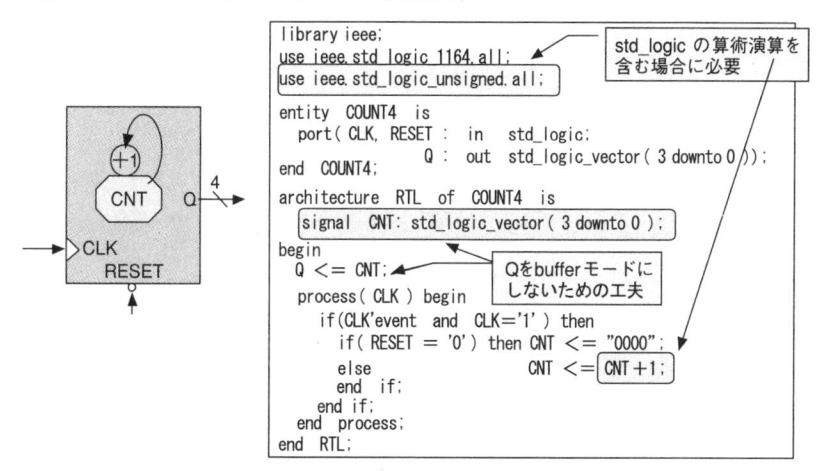

図40　同期リセット付き4ビット・バイナリカウンタのVHDL記述例

② 4ビット・アップ/ダウン・カウンタ(同期型)

```
library ieee;
use ieee.std_logic_1164.all;
use ieee.std_logic_unsigned.all;
entity UD_CNT4 is
  port( CLK, RESET, UD:  in    std_logic;
                    Q:  out  std_logic_vector( 3 downto 0 ));
end UD_CNT4;
architecture RTL of UD_CNT4 is
  signal CNT : std_logic_vector( 3 downto 0 );
begin
  Q <= CNT;
  process( CLK )
  begin
    if(CLK 'event and CLK = '1' ) then
      if( RESET = '0' )  then  CNT <= "0000";
      elsif(UD = '0' )   then  CNT <= CNT - 1;
      else                     CNT <= CNT + 1;
      end if;
    end if;
  end process;
end RTL;
```

図41　同期リセット付き4ビット・アップ/ダウンカウンタのVHDL記述例

③4ビット・グレイカウンタ（非同期型）

グレイコードとはつぎのコードへ移行する際に、変化するのは必ず1ビットだけというルールによってできあがっているコードをいいます。

```
library ieee;
use ieee.std_logic_1164.all;
entity GREY4 is
  port( CLK, RESET : in   std_logic;
                Q : out  std_logic_vector( 3 downto 0));
end GREY4;
architecture RTL of GREY4 is
  signal CNT : std_logic_vector( 3 downto 0 );
begin
  Q <= CNT;
  process( CLK, RESET ) begin
    if( RESET = '0' ) then CNT <= "0000";
    elsif( CLK'event and CLK = '1' ) then
      case CNT is
        when "0000" => CNT <= "0001";
        when "0001" => CNT <= "0011";
        when "0011" => CNT <= "0010";
        when "0010" => CNT <= "0110";
        when "0110" => CNT <= "0111";
        when "0111" => CNT <= "0101";
        when "0101" => CNT <= "0100";
        when "0100" => CNT <= "1100";
        when "1100" => CNT <= "1101";
        when "1101" => CNT <= "1111";
        when "1111" => CNT <= "1110";
        when "1110" => CNT <= "1010";
        when "1010" => CNT <= "1011";
        when "1011" => CNT <= "1001";
        when "1001" => CNT <= "1000";
        when "1000" => CNT <= "0001";
        when others => CNT <= "XXXX";
      end case;
    end if;
  end process;
End RTL ;
```

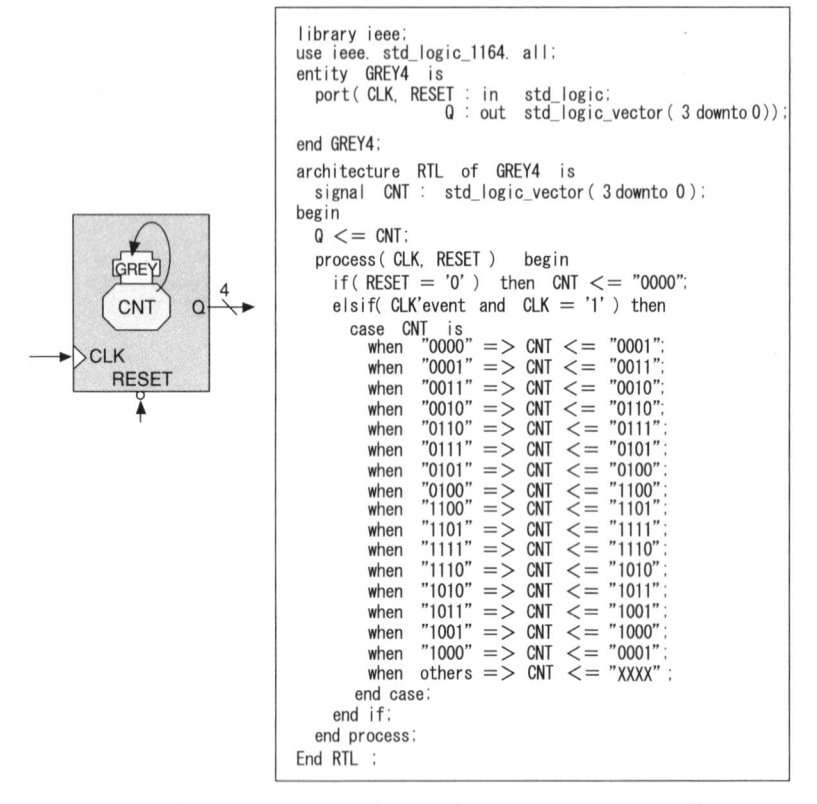

図42　非同期リセット付き4ビット・グレイカウンタのVHDL記述例

④ジョンソン・カウンタ（非同期型）

```
library ieee;
use ieee.std_logic_1164.all;
entity JOHNSON is
  port( CLK, RESET : in  std_logic;
                 Q : out std_logic_vector( 3 downto 0 ));
end JOHNSON;

architecture RTL of JOHNSON is
  signal CNT : std_logic_vector( 3 downto 0 );
begin
  Q <= CNT;
  process( CLK, RESET ) begin
    if( RESET = '0' )  then  CNT <= ( others => '0' );
    elsif(CLK'event and CLK= '1' ) then
      CNT( 3 downto 1 ) <= CNT( 2 downto 0 );
      CNT( 0 ) <= not CNT( 3 );
    end if;
  end process;
end RTL;
```

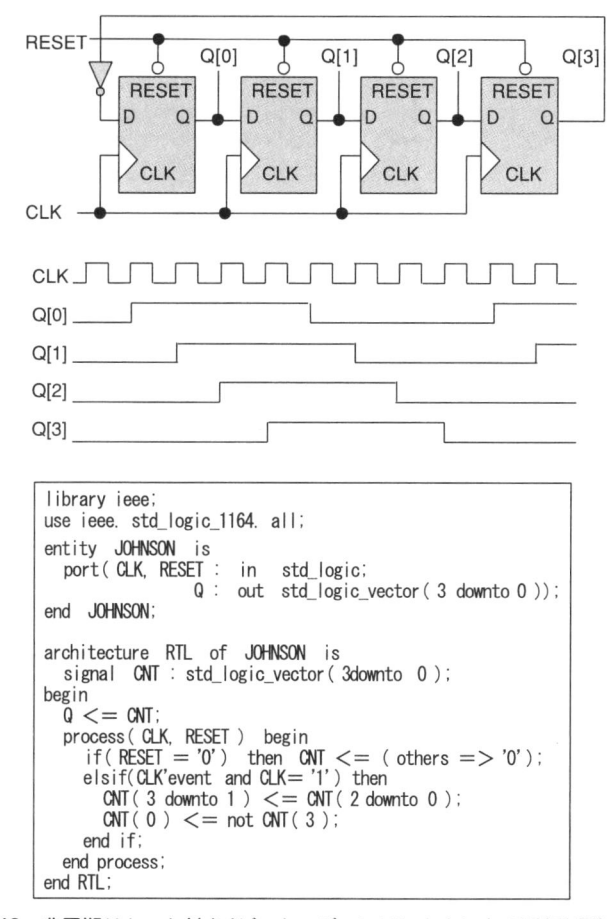

図43　非同期リセット付き4ビット・ジョンソンカウンタのVHDL記述例

⑤分周回路(非同期型)

```
                    ½CLK      ¼CLK      ⅛CLK      1/16 CLK
                    Q[0]      Q[1]      Q[2]      Q[3]

CLK ──▷──┬─ CLK Q ─┬─ CLK Q ─┬─ CLK Q ─┬─ CLK Q ─┬
         │ RESET   │ RESET   │ RESET   │ RESET   │
         │    A    │    B    │    C    │    D    │

RESET ───┴─────────┴─────────┴─────────┴─────────┘
```

```
library ieee;
use ieee.std_logic_1164.all;
entity DIV4 is
  port( CLK, RESET : in   std_logic;
                 Q : out  std_logic_vector( 3 downto 0 ));
end DIV4;

architecture RTL of DIV4 is
  signal A,B,C,D : std_logic;
begin
  Q <= D&C&B&A;
  process( C, RESET ) begin
    if( RESET = '0' ) then D <= '0';
    elsif( C'event and C = '0' ) then
       D <= not D;
    end if;
  end process;

  process( B, RESET ) begin
    if( RESET = '0' ) then C <= '0';
    elsif( B'event and B = '0' ) then
       C <= not C;
    end if;
  end process;

  process( A, RESET ) begin
    if( RESET = '0' ) then B <= '0';
    elsif( A'event and A = '0' ) then
       B <= not B;
    end if;
  end process;

  process( CLK, RESET ) begin
    if( RESET = '0' ) then A <= '0';
    elsif( CLK'event and CLK= '0' ) then
       A <= not A;
    end if;
  end process;
end RTL;
```

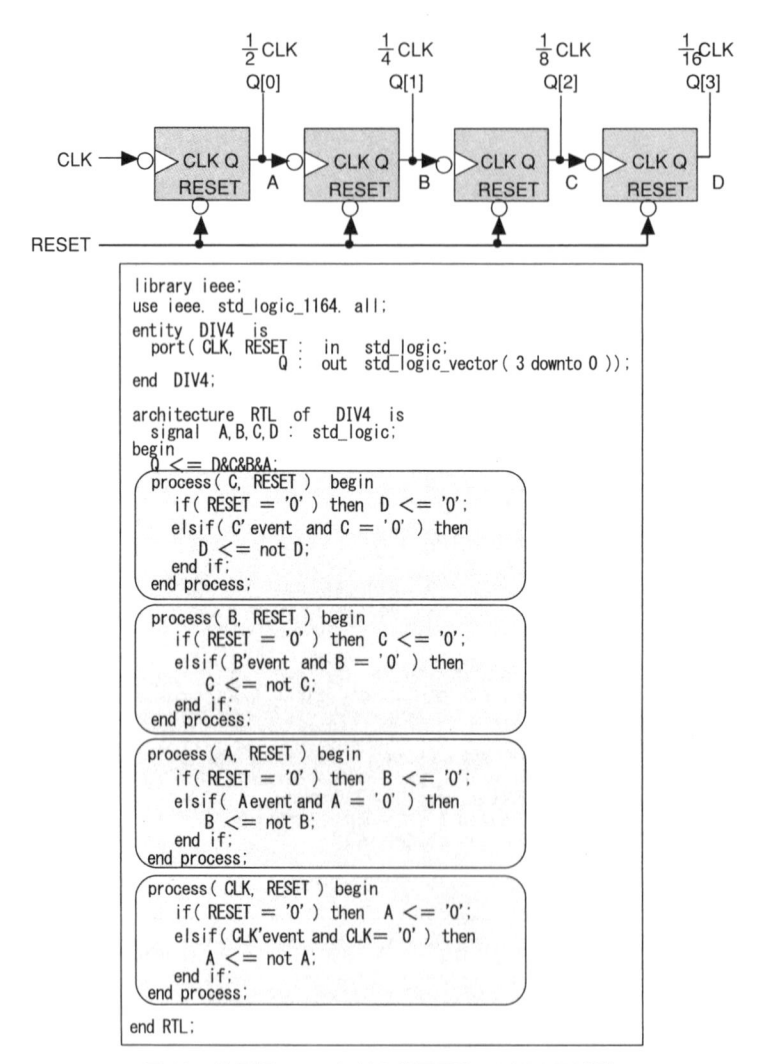

図44 非同期リセット付き分周回路のVHDL記述例

11. 階層設計

階層設計の利点として、以下があります。
・よく使用する回路をあらかじめ設計し、テストし、蓄積しておくことができる
・上位階層のデザインの可視性を向上できる
・デザインの移植性を向上できる
・チーム開発が可能になる

(1) 階層設計による下位デザインの参照

component文により、下位デザインを宣言します(図45)。上位階層のデザインは、下位階層をインスタンス化する前にcomponent宣言をする必要があります。

```
architecture RTL of TOP is
signal COUNT   : std_logic_vector (7 downto 0);
component   LOWDSN                    ← ここで 下位デザイン
        port(   CLK       : in    std_logic;       を宣言
                Q         : out   std_logic_vector (7 downto 0));
end component;
begin
        U1: LOWDSN port map(CLK => SYSCLK, Q => COUNT);
                            ↑ ここで下位デザインを使用
```

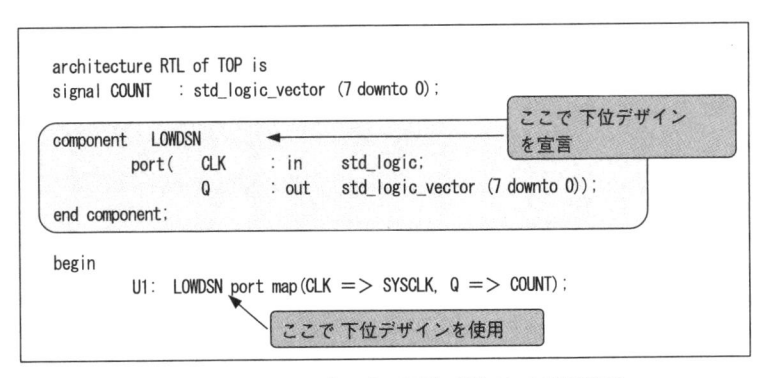

図45　component文による下位デザインの宣言位置

(2) component文とport map文

階層設計を行うには、component文とport map文をセットで使用します。component文は、他のモデル内にインスタンス化(配置すること)のでき

る下位デザインの宣言を行い、port map文 は、宣言した下位デザインを用いてストラクチャ記述を行います(図46)。

```
library ieee;
use ieee.std_logic_1164.all;
entity ADD is
  port( NUM1, NUM2 :  in  integer range 0 to 7;
            RESULT :  out integer range 0 to 63 );
end ADD;
architecture ARCH of ADD is
begin
  RESULT <= NUM1 + NUM2;
end ARCH;

library ieee;
use ieee.std_logic_1164.all;
  port( N1, N2 :  in  integer range 0 to 7;
            O  :  out integer range 0 to 63;
end ADD2;
architecture STRUCTURE of ADD2 is
  signal   TEMP;
  component  ADD
    port( NUM1, NUM2 :  in   integer range 0 to 7;
              RESULT :  out  integer range 0 to 63);
  end component;
begin
  U : ADD port map( I1, I2, TEMP );   -- U : ADD port map ( NUM1 => I1, NUM2 => I2,
  O <= TEMP;                           --    RESULT => TEMP ); のように記述してもよい
end STRUCTURE;
```

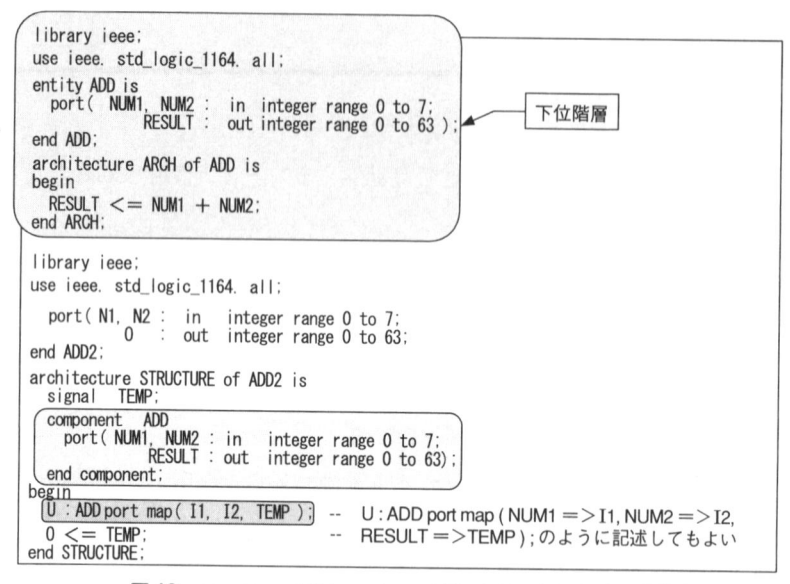

下位階層

図46　component文とport map文によるストラクチャ記述例

(3) 階層設計による4ビット加算回路例

下位階層

```
library ieee;
use ieee.std_logic_1164.all;

entity FULLADD is
  port( A, B, CI: in   std_logic;
              Q, CO:  out  std_logic );
end FULLADD;

architecture RTL of FULLADD is
begin
  Q  <= (A xor B) xor CI;
  CO <= (A and B) or
        (B and CI) or (CI and A);
end RTL;
```

上位階層

```
library ieee;
use ieee.std_logic_1164.all;

entity adder4 is
  port( A, B: in  std_logic_vector( 3 downto 0 );
              Q:   out std_logic_vector( 3 downto 0 ));
end adder4;

architecture RTL of adder4 is
component FULLADD
  port( A, B, CI: in  std_logic;
              Q, CO: out std_logic );
end component;

signal  CO: std_logic_vector( 2 downto 0 );
signal ZERO: std_logic;
begin
  ZERO <= '0';
  ADD0:  FULLADD port map( A(0), B(0), ZERO, Q(0), CO(0));
  ADD1:  FULLADD port map( A(1), B(1), CO(0), Q(19, CO(1));
  ADD2:  FULLADD port map( A=>A(2), B=>B(2), Q=>Q(2),
                           CI=>CO(1), CO=>CO(2));
  ADD3:  FULLADD port map( A=>A(3), B=>B(3), Q=>Q(3),
                           CI=>CO(2), CO=>open );
end RTL;
```

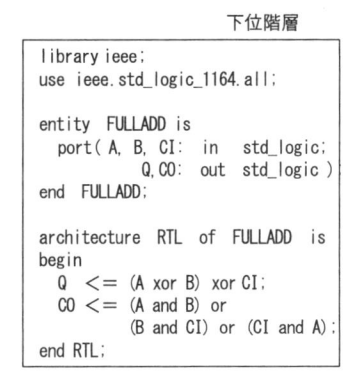

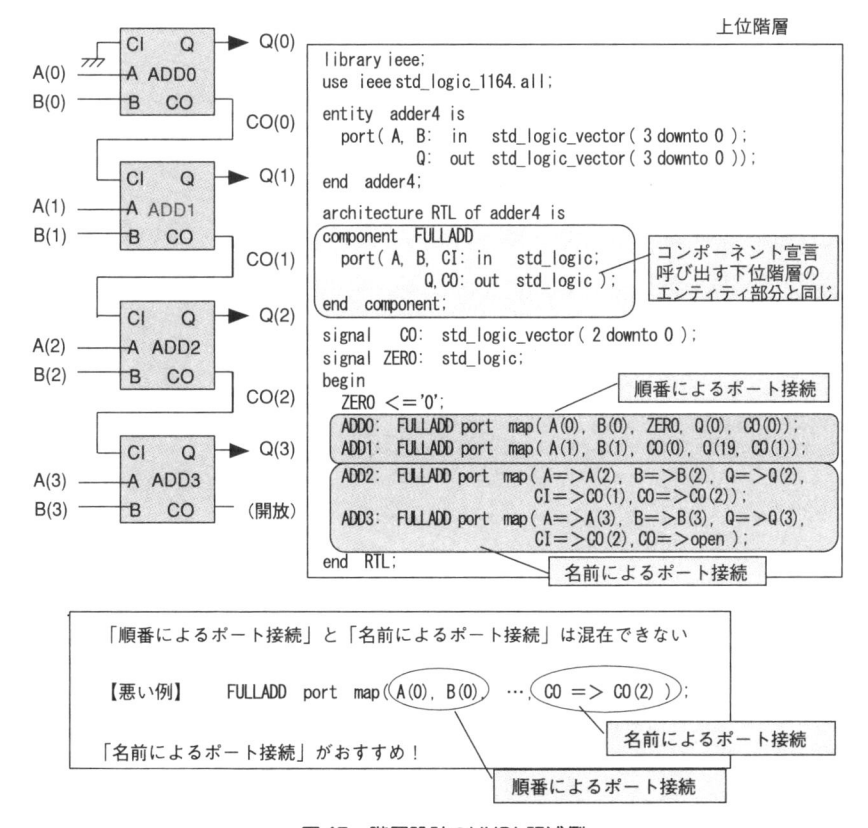

コンポーネント宣言 呼び出す下位階層の エンティティ部分と同じ

順番によるポート接続

名前によるポート接続

「順番によるポート接続」と「名前によるポート接続」は混在できない

【悪い例】 FULLADD port map(A(0), B(0), …, CO => CO(2));

「名前によるポート接続」がおすすめ！

名前によるポート接続

順番によるポート接続

図47 階層設計のVHDL記述例

【参考文献】

1) 長谷川裕恭著「VHDLによるハードウェア設計入門」CQ出版（1995）
2) Jayaram Bhasker デザイン・ウェーブ企画室訳「VHDL入門」CQ出版（1995）
3) SynplifyVHDLマニュアルおよびオンラインHELP
4) QuartusⅡマニュアルおよびオンラインHELP
5) その他、各社ホームページおよび各社セミナーテキストなど

索 引

あ

architecture部 30
archtecture文 140
architecture本体部 137, 140
IEEE標準ライブラリ 119
IP 18, 22
out 139
others 68, 85, 87, 130
アノードコモン型 53
アンダースコア 135
＆演算子 64
and演算子 46, 51, 64
elsif 78
1秒タイマー 119
1m秒のタイマー 95
if then else構文 75, 77, 80, 99, 164
in 139
inout 139
インスタンス化 112, 177
integer型 92
with select when構文 ... 59, 67, 75, 85
HDL 10
ASIC 11
std_logic 53
std_logic_vector( ) 53
xor演算 51
エッジを検出 165
FPGA 13
MSB 55
LED 38

LSB 55
エンコーダ 64
entity宣言部 137, 138
entity部 26
entity文 138
or演算子 51
open 116

か

下位階層 110
階層設計 117, 177
カウンタ 98, 104, 105
カウントアップ 104
カウントダウン 104
カソードコモン型 53
加法演算子 158
関係演算子 158
キーワード 135
記述方式 30, 140
組み合わせ回路 57
case when構文 75, 84, 129, 164
構造記述 142
500m秒のタイマー 91, 102
コメント 134
コンカレント・ステートメント ... 58
constant 145
component 177
component文 111, 115
コンポーネント名 27

さ

GA 13
CPLD 13
識別子 27, 135

| signal ……… 91, 96, 105, 145
システムLSI ……… 16
シフト演算子 ……… 159
10m秒タイマー ……… 125
16進数 ……… 88, 99
10進カウンタ ……… 101, 102, 113
10進数1桁カウンタ ……… 119
順次処理文 ……… 75, 143
順序回路 ……… 74
上位階層 ……… 110
状態変数 ……… 129
ジョンソン・カウンタ(非同期型) ……… 175
真理値表 ……… 50
ステートマシン ……… 128
整数型 ……… 150
設計支援ツール ……… 21
ゼロクリヤ ……… 105
センシティビティリスト ……… 77, 163
ソフトIP ……… 22

た

ダイオード ……… 38
代入演算子 ……… 31, 39
type文 ……… 128
タイマー ……… 90, 99
立ち下がりエッジ ……… 83, 91, 92, 99, 109, 128
知的財産 ……… 18
チャッタリング ……… 94
チャッタリング除去回路 ……… 94, 96, 113
D型フリップフロップ ……… 166
定義済みデータ型 ……… 149
データフロー ……… 141
データ名 ……… 146

デコーダ ……… 64
デシマルカウンタ ……… 101
電流制限抵抗 ……… 39
2to1セレクタ ……… 60, 68, 78, 82, 85
同期セット／リセット付きD型フリップフロップ ……… 172
同期リセット ……… 171
同期リセット回路 ……… 106, 108
同期リセット付きSR型フリップフロップ ……… 171
動作記述 ……… 142
同時処理代入文 ……… 58
同時処理文 ……… 58, 75, 161, 143
トグル動作 ……… 83, 93, 126

な

7セグメントLED ……… 52, 61
7セグメントデコーダ ……… 70, 87, 113
2進カウンタ ……… 99, 107
2進化10進 ……… 101
not演算子 ……… 45, 51, 56

は

ハードIP ……… 22
配置配線ツール ……… 20
バイナリカウンタ ……… 99
ハイフン ……… 134
パッケージ ……… 119, 120
パッケージ ……… 138
パッケージ呼び出し部 33, 100, 119, 137
発光ダイオード ……… 38
buffer ……… 82, 105, 139
variable ……… 145
PLD ……… 13
BCD ……… 101

非同期リセット ………………………… 169	173
非同期リセット回路 ……… 106，107，126	4ビット加算回路例 ……………………… 179
非同期セット／リセット付きD型フリップ	4ビット・グレイカウンタ(非同期型) …… 174
フロップ ………………………………… 169	4ビット・バイナリカウンタ(同期型) …… 173
非同期セット／リセット付きJK型フリップ	
フロップ ………………………………… 170	**ら**
ピン割り当て …………………………… 31	ライブラリ ……………………… 120，138
ファームIP ……………………………… 22	library文 ………………………………… 120
VHDL ……………………………………… 12	リセット回路 …………………………… 105
VHDL開発環境 …………………………… 19	リセット機能 …………………………… 99
VHDLの標準化推進団体 ………………… 13	理想シミュレーション ………………… 23
フィッティング ………………………… 20	レジスタ ………………………………… 167
when else構文 ……… 59，75，78，161	レジスタ(4ビットレジスタ・非同期クリヤ
4to1セレクタ ……… 62，69，79，86	付き) …………………………………… 170
プライオリティ・エンコーダ ………… 66	列挙型 …………………………………… 150
プリセット機能 ………………………… 99	レベル検出 ……………………………… 108
フリップフロップ　81，91，99，125，165	連結演算子 ……………………………… 159
プリロード機能 ………………………… 99	60進数 …………………………………… 102
プルアップ抵抗 ………………………… 43	6進カウンタ …………………………… 102
プルダウン抵抗 ………………………… 43	ROM ……………………………………… 15
process文 ………………………… 76，163	論理演算子 ……………………………… 152
分周回路(非同期型) …………………… 176	論理合成ツール ………………………… 20
Verilog-HDL ……………………………… 12	論理シミュレーション ………………… 23
port ……………………………………… 139	
ポートのタイプ ………………………… 28	**記号・その他**
ポートのモード ………………………… 27	event …………………………………… 83
port文 …………………………………… 26	＜＝ ……………………………………… 39
port map ………………………… 112，178	＜＝演算子 ………………………… 43，65
port map文 ………………………… 59，115	
ポート名 ………………………………… 26	

や

use文 …………………………………… 120	
4ビット・アップ／ダウン・カウンタ(同期型)	

【著者紹介】

坂巻　佳壽美（さかまき　かずみ）
　学　歴　日本大学理工学部電気工学科卒業
　職　歴　地方独立行政法人　東京都立産業技術研究センター　開発本部
　　　　　開発第一部　情報技術グループ　上席研究員
　主要著書　『制御技術者のための組込みシステム入門』（日刊工業新聞社）
　　　　　『組込みシステム用語早わかり』（オーム社）
　　　　　『見てわかるディジタル信号処理』（工業調査会），その他

はじめての VHDL

2011年4月10日　第1版1刷発行　　　　ISBN 978-4-501-32790-3 C3055
2022年7月20日　第1版3刷発行

著　者　坂巻佳壽美
　　　　Ⓒ Sakamaki Kazumi 2011

発行所　学校法人　東京電機大学　　〒120-8551　東京都足立区千住旭町5番
　　　　東京電機大学出版局　　　　Tel. 03-5284-5386(営業)　03-5284-5385(編集)
　　　　　　　　　　　　　　　　　Fax. 03-5284-5387　振替口座 00160-5-71715
　　　　　　　　　　　　　　　　　https://www.tdupress.jp/

JCOPY <(社)出版者著作権管理機構　委託出版物>
本書の全部または一部を無断で複写複製（コピーおよび電子化を含む）することは，著作権法上での例外を除いて禁じられています。本書からの複写を希望される場合は，そのつど事前に，(社)出版者著作権管理機構の許諾を得てください。また，本書を代行業者等の第三者に依頼してスキャンやデジタル化をすることはたとえ個人や家庭内での利用であっても，いっさい認められておりません。
［連絡先］Tel. 03-5244-5088, Fax. 03-5244-5089, E-mail：info@jcopy.or.jp

印刷：美研プリンティング(株)　製本：渡辺製本(株)　装丁：鎌田正志
落丁・乱丁本はお取り替えいたします。　　　　　　　　　Printed in Japan

本書は，(株)工業調査会から刊行されていた第1版6刷をもとに，著者との新たな出版契約により東京電機大学出版局から刊行されたものである。